# 青年人必须要克服的

# 20个人性弱点

博 文 编著

光明日报出版社

**图书在版编目（ＣＩＰ）数据**

青年人必须要克服的20个人性弱点/博文编著 . -- 北京：光明日报出版社，2011.6（2025.1重印）

ISBN 978-7-5112-1106-4

Ⅰ . ①青… Ⅱ . ①博… Ⅲ . ①成功心理—青年读物 Ⅳ . ① B848.4-49

中国国家版本馆 CIP 数据核字 (2011) 第 066146 号

## 青年人必须要克服的 20 个人性弱点

QINGNIANREN BIXU YAO KEFU DE 20 GE RENXING RUODIAN

编 著：博 文

责任编辑：李 娟 责任校对：映 熙

封面设计：玥婷设计 封面印制：曹 净

出版发行：光明日报出版社

地 址：北京市西城区永安路 106 号，100050

电 话：010-63169890（咨询），010-63131930（邮购）

传 真：010-63131930

网 址：http://book.gmw.cn

E－mail：gmrbcbs@gmw.cn

法律顾问：北京市兰台律师事务所龚柳方律师

印 刷：三河市嵩川印刷有限公司

装 订：三河市嵩川印刷有限公司

本书如有破损、缺页、装订错误，请与本社联系调换，电话：010-63131930

开 本：170mm×240mm

字 数：160 千字 印 张：12.5

版 次：2011 年 6 月第 1 版 印 次：2025 年 1 月第 4 次印刷

书 号：ISBN 978-7-5112-1106-4

定 价：39.80 元

# 前 言
## PREFACE

　　无数人成功的经验和智慧告诉我们，人生成功的关键在于能否克服自身的弱点。人性的弱点影响着我们的品德，决定着我们的思维和行为方式，左右着我们的成败。被自己的弱点所打败的情况远远多于被对手打败，心灵的强大才是真正的强大，成功的最大敌人就是我们自己。

　　哈佛大学著名心理学教授威廉·詹姆士曾说过："与我们应取得的成就相比，我们只不过半醒着，我们只利用了身心资源的一小部分。广义地说，人类就是这样地生活着，远在他应有的极限之内——他有着各种力量惯于不会利用。"我们每个人都有自己的弱点，抱怨、浮躁、犹豫、冲动、贪婪、自卑、自暴自弃、丧失勇气、没有耐心、不能坚持原则等，这些弱点是我们最大的敌人。改变命运首先需要战胜根深蒂固的人性弱点，只有战胜自身弱点的人才能拥有成功。

　　青年时期是人生中最美好的黄金时期，也是一个人性格特点、价值观念、处世态度、思维方式等趋于成熟的重要阶段。每个步入这一时期的青年朋友心中都充满着对美好未来的热切向往，渴望着在自己的人生画卷上画下精彩的一笔。然而，由于缺乏人生经验和社会阅历，青年人常常会感到迷茫和困惑，容易被自身的弱点所左右，对自己没有信心，怀疑自己的价值，害怕失败，逃避竞争，遇到挫折就垂头丧气，甚至找不到努力的方向和前进的动力。

　　"赠人以物，予人以钱，不如送人以言。"本书系统总结了青年人

1

应清楚认识的 20 个人性弱点，同时提供了克服这些人性弱点的有效方法和途径，旨在帮助广大青年人通过有意识的训练改善心智模式，去除掉人性中的弱点，战胜自我，从而创造幸福美好的人生。

创新的体例、精美的图片和生动的文字有机结合，共同打造出一个轻松愉悦的阅读空间。对于青年人来说，书中没有冗长的说教，只有无穷无尽的榜样力量；没有累赘的语言，只有深刻的人生哲理感言。

虽然所有人性的优点，不一定能够变成你的财富，但所有人性的弱点，都会变成你的负债。青年人应该是充满朝气和活力的，不要被自身的弱点束缚了前进的步伐。这本充满力量、充满智慧的书，一定会给你启迪，使你勇敢地克服人性的弱点，发挥自身的优点，拥有更美好、快乐、成功的人生。

# 目　录
## CONTENTS

**1** **不自知：**
## 世界上最大的无知

聪明的人很清楚自己的短处，愚蠢的人却没有自知之明。

一个人是因为愚蠢而没有自知之明，还是因为没有自知之明而变得越来越愚蠢呢？

**2** **嫉妒：**
## 箭欲长而折他人之箭

嫉妒表示你对自己不满而羡慕别人，对自己不满就是羡慕他人的开始。你希望像别人一样有知识，希望比别人

1

更漂亮，或是希望和别人一样有栋大房子、有显赫的权势和比现在更高的地位。你希望比现在更有知识，你希望知道得更多……由于你希望成为一个和现在不一样的人，所以你羡慕别人，嫉妒别人。

# 3 盲从：
## 风向就是方向

盲从是一种被动地寻求平衡的适应，是在攀比之风裹挟下的随大流。它源于从众，出于无奈，又有不得已而为之的意味。

# 4 懒惰：
## 等着天上掉馅饼

懒惰是索价极高的奢侈品，一旦到期清付，必定偿还不起。懒惰走得如此之慢，以至于贫穷很快就会赶上它。

## 5 贪婪：
## 欲海无边

你看见一部车子，一所房子，然后你想拥有它，或是你想达到有钱人的地位，成为被人注目的大人物，这就是欲望。面对欲望，过分放纵固然不可取，但彻底否定自己的欲望也是不对的。也许我们真正想要的不是远离欲望，而是摆脱贪婪所引起的担忧、焦灼和痛苦。

## 6 吝啬：
## 一毛不拔的铁公鸡

凡吝啬的人大多都是自私的、贪婪的。这类人总是嫌自己发财速度太慢，总嫌发财"效率"太低，总想不劳而获或者少劳多获，因而挖空心思、不择手段地算计他人、算计集体、算计社会。一般的情况是：在吝啬者口袋里的金钱，或多或少地带有不洁的成分，廉耻、天良、真理，都会沉沦在吝啬者的吝啬之中。

# 7 自卑：
## 事事不如别人好

一个自卑的人很难感受到快乐和幸福，自卑感十分"会"折磨人，它是对乐观、开朗的最大抑制。

# 8 依赖：
## 永远抛不开拐杖

许多人都陷入这样一个谬论中，就是以为自己永远会从别人不断的帮助中获益，却不知一味地依赖他人只会导致懦弱。如果一个人依靠他人，将永远也坚强不起来，永远也不会有独创力。要么独立自主，要么只能埋葬雄心壮志，一辈子老老实实做个普通人。

# 9 虚荣：
## 为面子，哪怕债台高筑

虚荣促使人们装扮得完全不同于本来的面目，以希望得到别人的赞许或认可。

# 10 自负：
## 唯我独尊

没有一个人能够有骄傲的资本，因为任何一个人，即使在某一方面的造诣很深，也不能说他已经彻底精通。生命有限，知识无穷，任何一门学问都似无穷无尽的海洋，谁也没有资本认为自己已经达到了最高境界而停步不前，趾高气扬。

# 11 崇拜：
## 把自己掏空，交给别人

　　生活中有很多变相的权威和偶像，比如学历、权贵、名流等，它们会禁锢你的头脑，束缚你的手脚。如果盲目地附和众议，就会丧失独立思考的习性；如果无原则地屈从他人，就会被剥夺自主行动的能力。

# 12 自欺：
## 掩耳盗铃

　　自欺是谋求他人尊重的自我心理平衡的一种"诀窍"，但是自欺不能使自己的品格更加高尚，也无助于在生活中谋求成功。相反，它往往会导致在生活中发生过激行为，或者企图用相反的事实掩盖自己的弱点。

# 13 完美：
## 过分的苛求

这个世界上没有一件事物是十全十美的，它们或多或少都有瑕疵，人类亦是。凡事只能尽最大的努力使它更完美一些，切勿过分苛求。如果采取一种务实的态度，就会活得更快乐！

# 14 虚伪：
## 说和做是两回事

虚伪促使人们把自己的罪恶伪装起来，从而避免别人的责备。

## 15 虚幻：
## 缺少现实根据的幻想

人们对虚幻总是持一种鄙夷的、不屑的看法，但实际上，每个人都无法摆脱虚幻的纠缠。因为虚幻是人类的天性，而且能带来暂时的心理满足。

## 16 苛求回报：
## 为了回报做事

一些人不想表现得比别人觉悟低，于是开始主动或被动地做好事。但是，这些人心底是有目的的，那就是要求被帮助的对象常怀感恩之心。如果没有得到预期的回报，这些人就会表现出失落，甚至怀疑帮助行为的正当性。希望回报，这没有错。但是，当获得回报成了苛求、成了目的的时候，就有点变味了，而更过分的是博取众人的同情。

## 17 成见：
## 错误都是别人的

很多人都不了解自己，原因就在于人们总把目光放在别人身上，而没有看到自身存在的问题。

## 18 逞能：
## 外强中干的表现

如果一个人过于逞强，就会变得对什么都想插一脚，什么都想大包大揽。而事实上，一个人的能力是很有限的，如果揽过来办不成事，反而会大大地降低自身的人格魅力。

## 19 逃避：
## 推卸自己的责任

逃避责罚是人类的一种本能。多数人在"有利"与"不利"两种形势的抉择中都会选择趋利避害。通过各种"免罪"行为，人们可以暂时脱离责罚，但逃避只是暂时的，最终总是要面对现实。

# 20 侥幸：
# 投机心理在作祟

一次投机是侥幸，两次可以是巧合，三次就变为一种趋势。侥幸只不过是落到手中的一件暂时的礼物，迟早要把它交还，人生是占有不了的。

# 不自知：

## 世界上最大的无知

> 聪明的人很清楚自己的短处，愚蠢的人却没有自知之明。
>
> 一个人是因为愚蠢而没有自知之明，还是因为没有自知之明而变得越来越愚蠢呢？

## 如此"自知"

尼采曾经说过："聪明的人只要能认识自己，便什么也不会失去。"正确认识自己，才能使自己充满自信，才能使人生的航船不迷失方向。正确认识自己，才能确定人生的奋斗目标。只有有了正确的人生目标，并充满自信，为之奋斗终生，才能此生无憾。即使不成功，自己也会无怨无悔。

有一位老师常常教导他的学生说，人贵有自知之明，做人就要做一个自知的人。唯有自知，方能知人。有个学生在课堂上提问道："老师，您是否知道您自己呢？"

"是呀，我究竟是否知道我自己呢？"老师想，"嗯，我回去后一定要好好观察、思考、了解一下自己的个性和自己的心灵。"

回到家里，老师拿来一面镜子，仔细观察自己的容貌、表情，然后再来分析自己的个性。

首先，他看到了自己亮闪闪的秃顶。"嗯，不错，莎士比亚就有个亮闪闪的秃顶。"他想。

他看到了自己的鹰钩鼻。"嗯，英国大侦探福尔摩斯——世界级的聪明大师就有一个漂亮的鹰钩鼻。"他想。

他发现自己具有一双大八字脚。"呀，卓别林就有一双八字脚！"他想。

于是，他终于有了"自知"之明。

"古今中外名人伟人聪明人的特点集于我一身，我是一个不同一般的人，我将前途无量。"第二天，他这样对他的学生说。这个老师的"自知"由此可见一斑。

纪伯伦在其作品里讲了一只狐狸觅食的故事：狐狸欣赏着自己在晨曦中的身影说："今天我要用一只骆驼做午餐！"整个上午，它奔波着，寻找骆驼。但当正午的太阳照在它的头顶时，它再次看了一眼自己的身影，于是说："一只老鼠也就够了。"狐狸之所以做了两次截然不同的决定，与它选择"晨曦"和"正午的阳光"作为镜子有关。晨曦不负责任地拉长了它的身影，使它错误地认为自己就是万兽之王，并且力大无穷无所不能，而正午的阳光又让它忍不住对着自己已缩小了的身影妄自菲薄。

不能很好地认识自己的人，千万别忘记了上帝为我们准备了另外一块镜子，这块镜子就是"反躬自省"。它可以照见落在心灵上的尘埃，提醒我们"时时勤拂拭"，使我们认识真实的自己，避免在面子的左右下扭曲了原本外在和内在"镜像"。

## 没有金刚钻，还揽瓷器活

不自知还包括不能正确评估自己的能力，觉得自己有把握，或者总觉得自己肯定能做好某件事。

不自知也导致某些人总以为自己是因为没有好运降临才不走运的。一个人在走运的生涯中，有一个最基本的要求，那就是我们只能去做自己能力范围之内的事。如果一个人没有自知之明，贸然去做一些超过自己能力范围的事，不论心理上、体力上、经济上，都会遭受挫折。即使好的机遇降临到他的身上，但因能力不够，也无法留住它！有个人在某个大型的零售公司当经理。他嫌薪资太少，结果跑到比原来工资高的某电讯公司里去担任经理。但由于他本人对电讯事业一窍不通，又没有经过基础的训练，结果不但做得吃力而且还不见成绩。到公司裁员缩编时，他当然成了第一个牺牲者。

有一个轻量级的拳击手自不量力，挑战一个比自己高一级的对手，不到一回合，就被打得鼻青脸肿，倒地不起。

在我们周围的朋友或者社会新闻的档案中，这些自不量力的失败案例，实在多得如过江之鲫，令人慨叹不已！

例如某人不懂得炒菜，

⊙没有金刚钻，不揽瓷器活。尽量避免尝试超越自己能力范围之事。

3

无意间看到一个正在出让的餐馆地点很好，以为这是绝佳的生财机会，贸然去投资。但是，由于找不到合适的厨师，自己又不能下厨炒菜，结果赔得倾家荡产！

上海有一个年轻的外科医生，在上海外科界，人们给了他一个"上海一把刀"的美誉。他像许多考生一样，死啃托福考试，想到海外去留学。结果英语测验拿到高分，申请到了美国最知名的医科大学，也拿到了全额奖学金。可是到了美国之后，他上课时英语完全听不懂，每门课都不及格。不久，他得到通知：第二个学期所有的奖学金将被取消。他的生活立即陷入困境，进也不是，退也不是，只好先办退学学英文，打工沉沦海外了！

对自己能力的错误评估，做高于自己能力的事，结果可想而知了。因此，做自己能力范围内的事永远是个明智的选择。

# 宽以待己，严于律人

有一个学生问老师："您在我的作文簿上所批的字，实在看不出写的是什么，请老师指教。"

老师说："我只是告诉你，你的字写得太潦草了，以后要写清楚点。"

老师只看见学生的"潦草"，没想到自己也犯了"潦草"的毛病。为什么用和别人一样的错误来指出别人的错误呢？

小李最大的嗜好就是和朋友在一起侃大山、喝酒、打麻将，下班后，他总是喜欢跑到单位的单身宿舍与同事们搓上几圈麻将或豪饮几盅。久而久之，已婚的他竟成了单位里那些没家没业年轻光棍们的灵魂人物。喝酒少了他觉得不热闹，打牌少了他觉得没劲，侃大山少了他更是觉得无聊。而他又乐此不疲，很少回家，更别说陪陪妻子了。

刚结婚的妻子十分温顺和善解人意，他们并没因此发生过口角，而且妻子认为这样也好，有利于巩固小李与同事间的关系。渐渐地，他越发不像话了，不但很少回家，即使回来也是像旅店里的客人一样，仅是借宿而已。大年三十，妻子为了能让他在家里安静地过个年，很早就准备好了一桌丰盛的大餐，刚要上酒的时候，同事又来电话了，说他们几个快乐的单身汉已弄好了一桌酒菜，但他不在，总觉得少了点什么，希望他能体恤兄弟疾苦去一趟。在这样的时候，按理说小李应该多替妻子考虑考虑，但他挂了电话对妻子说声对不起就走了，弄得妻子一肚子委屈。

万般无聊的妻子喜欢上了跳舞，并一发不可收拾。据说她的舞伴是个温柔体贴的单身贵族，对她颇有好感，她也同样。迫于家庭和道德的约束，他们并没有做出越轨的事情来。在某种程度上，妻子还是爱着小李爱着这个家的，只不过对小李那种对家庭不负责任的做法感到不满，想给小李一个警告。一天小李刚刚从外面喝酒回来，妻子指责了他，并佯装提出离婚。此时，小李若要好好地反思一下自己，然后道个歉也就过去了。但他没有，反而以听到的风言风语来嘲笑妻子，指责妻子放浪，还一口咬定妻子对他不忠。结果使本已对他不满的妻子大为恼火，最终二人真的离了婚。

对小李这种人来说，裁判别人比吃家常便饭容易，反省自己却比登天还难。

有位太太，多年来不断嘲笑对面邻居的太太很懒惰："那个女人的衣服，永远洗不干净，看，她晾在院子里的衣服，总是有斑点，我真的不知道，她怎么把衣服洗成那个样子？"这位太太甚至有些忍受不了了，几乎想冲到邻居家里责问人家为什么不认真做家务。

直到有一天，有位明察秋毫的朋友到她家，才发现并不是对面的太太没洗干净衣服。朋友拿了一块抹布，把这个太太家窗户上的污渍抹掉，说："看，别人家的衣服是不是变干净了？"

"宽以待己，严于律人"是人性的通病，我们在批评别人之时，往往只看见别人的过失，却看不见自己犯的错误。看不见自己错误的原因就是没有自知之明。

# 人贵有自知之明

曾经有过一项调查，调查的结果显示了一个很有趣的现象：聪明的人很清楚自己的短处，愚蠢的人却没有自知之明。

一个人是因为愚蠢而没有自知之明，还是因为没有自知之明而变得越来越愚蠢呢？

一家唱片公司旗下有很多歌星，其中一个女孩子，样子虽然不漂亮，但是她的歌唱得很好。那个女孩子在这家公司打拼了许多年，最后还是黯然退出了。那个时候，有人问公司老板：

"她为什么不见了？她的成绩应该可以比现在好一点的。"

老板说："我叫她用心唱歌，不要穿得古灵精怪，她反而跟我说：'我是一半偶像，一半实力。'"

原来她觉得自己很漂亮。她完全不知道自己最大的长处是唱歌。

没有自知之明的人，最终

⊙人贵有自知之明。只有正确认识自己，才能使人生的航船不迷失方向。

是会毁了自己的。

"人贵自知"，是金玉良言。这话不是叫你自卑，而是要你清醒。成为别人的笑柄事小，毁了自己事大。然而，没有自知之明的人，也许永远都不会知道自己是没有自知之明的。

还有一种人，认为自己一无是处，看谁都比自己好，自己没有任何优点，自卑自哀，自惭形秽，不敢抬头见人，以至于忧郁、苦闷、不能自拔，他们低瞧了自己。自己能干的事也不去干，看不到自己潜在的能力，本来能有所为，也不敢为，前怕虎后怕狼，缺乏坚定的信念与必胜的信心，结果丧失了机遇，与辉煌失之交臂。这是缺乏自知的另一种表现。

不管是由于愚蠢导致无自知之明，还是由于无自知之明导致愚蠢，没有自知之明的人，也许永远都不知道自己是没有自知之明的，因为他们从未想过用聪明智慧去了解自己!

**自　知**

**了解自我**

↓

**反思自我**

↓

**审视自我**

↓

**把握自我**

"自知"，是做人的基石。只有切实做到"自知"，才能把握自己，把握人生。既不好高骛远、妄自尊大、目空一切，又不自卑、自馁、妄自菲薄、丧失自我。只有切实做到"自知"，才能诚诚实实做人，脚踏实地做事。只有客观地认识自己，清楚自己的优点与缺点，明白自己的能与不能，才能发掘自我潜力，进而超越自己。

很明显，自知之明需要从了解自我开始。首先要有自知之明的心灵愿望，能经常反思自我、审视自我、把握自我。"吾日三省吾身"，反思自己的所作所为，所思所想，明了自身的长短优劣，不断矫正自己。同时，要有自知之明的内在主动。人活一世，见不到自己的脊背。这就需要借助别人这面"镜子"来观察自己，通过别人的评价来了解自己，认识自己。当然自己必须诚心诚实，别人才会真心真意，别人这面"镜子"

才会是平面镜，而不是"哈哈镜"，别人对你的评价才真实可靠，才有利于你全方位认识自己。

认识自我，具备自知之明是人一生的课题。世界上最难的事，不是别的，就是认识自己。有时，在人生的某个阶段，能比较好地了解自己，而到了人生的另一个阶段，它反而会变得模糊，成为自我发展中的一个障碍。所以，对一般人来说，要做到真正认识自己，是很不容易的，需要一生的聪明智慧，需要一生的努力。也因为如此，自知之明才显得更加可贵。

# 对自己进行"盘点"

对自己提出下列问题并诚实作答，切勿故意说假话来满足自己的虚荣心，因为这些问题的目的，在于使你发现哪些地方应进行改善，而不是要给什么奖赏。

1. 你制订了明确目标了吗？制订执行计划了吗？每天花多少时间在执行计划上？主动执行还是想到了才执行？

2. 你的明确目标是一种强烈愿望吗？

3. 为了达到明确目标你做了哪些付出？正在付出吗？何时开始付出的？

4. 你采取了什么步骤来组织智囊团？你多久和成员接触一次？你每个月、每周、每天和多少成员谈话？

5. 你有接受一些小挫折作为促使自己做更大努力的习惯吗？

6. 你是把时间花在执行计划上还是老想着你所碰到的阻碍？

7. 你经常为了将更多的时间用来执行计划而牺牲娱乐吗？或者经常为了娱乐而牺牲工作？

8. 你能把握每一分钟的时间吗？

9. 你把你目前的生活看成是你过去运用时间的方式的结果吗？你满

意你目前的生活吗？你希望以其他方式支配时间吗？你把逝去的每一秒钟都看成是使生活更加进步的机会吗？

10.你一直都拥有积极心态吗？是大部分时候都保持积极心态还是有的时候积极？你现在的心态积极吗？你能使自己的心态立刻积极起来吗？

11.当你以行动具体表现了积极心态时，经常会展现你的个人进取心吗？

12.你相信你会因为幸运或意外收获而成功吗？什么时候会出现这种幸运或意外收获呢？你相信你的成功是努力付出所换得的结果吗？你何时付出努力？

13.你曾经受到他人进取心的激励吗？你经常受到他人的影响吗？你经常真正地以他或她作为榜样吗？

14.你何时表现出多付出一点点的举动？每天都多付出还是只有在他人注意时才会表现多付出？你在表现多付出一点点的举动时心态正确吗？

15.你的个性吸引人吗？你会每天早晨照镜子，并且改善你的微笑和脸部表情吗？或者你只是单纯的洗脸刷牙而已？

16.你如何应用你的信心？你经常忽视这些力量吗？

17.你培养自己的自律能力吗？你的失控情绪经常使你做一些会令你很快就感到遗憾的事情吗？

18.你能控制恐惧感吗？

⊙坐在风口浪尖上还优哉游哉的人，一定没有认清自己，同时也没有认清形势，是典型的不自知。

9

你经常表现出恐惧吗？你何时以你的信心取代恐惧？

19．你经常以他人的意见作为事实吗？每当你听到他人的意见时你会抱着怀疑的态度吗？你经常以正确的思考来解决你所面对的问题吗？

20．你经常以表现合作的方式来争取他人的合作吗？你在家里会怎么做？在办公室呢？在你的智囊团呢？

21．你给自己发挥想象力的机会吗？你何时运用创造力来解决问题？你需要靠创造力才能解决的问题吗？

22．你会放松自己，运动并且注意你的健康吗？你计划明年才开始吗？为什么不现在开始？

这份检讨问题单的目的，在于促使你对自己做一番思考。你对于各项事情的运用方式充分反映出你将成功原则化为你生活一部分的程度。如果你对上述问题的回答不能令你满意时，请不要气馁。曾经有好几百万人买过我的书，而且我也对成千上万人举行过演讲。虽然这些人当中有许多人都获得了成功，但是没有人是一夜之间就成功的。想要获得成功是需要花时间的。

# 嫉妒：
## 箭欲长而折他人之箭

嫉妒表示你对自己不满而羡慕别人，对自己不满就是羡慕他人的开始。你希望像别人一样有知识，希望比别人更漂亮，或是希望和别人一样有栋大房子、有显赫的权势和比现在更高的地位。你希望比现在更有知识，你希望知道得更多……由于你希望成为一个和现在不一样的人，所以你羡慕别人，嫉妒别人。

## 宁可变成独眼龙，也要别人失明

有一种人，如果别人有一处比他好的地方，但是凭借自己的力量又没有办法阻止或者破坏掉的时候，他就会铤而走险，不惜任何代价来清除令他眼红之处，甚至不惜失去自己身体的某个部位，来换取别人的双倍损伤。下面例子中的主人公就是这样的人。

　　两家人看上去相处得很好，但是其中一家的男主人，表面上对另一家新购置的房产欢欣鼓舞，或者为对方的儿子考上大学而击掌庆贺，一到了自己家里，就变得恶狠狠起来：凭什么他这么有钱，凭什么他的儿子就能上大学，而我什么都没有呢？他在心里诅咒，每天都盼望他的邻居倒霉——盼望邻居家着火，盼望邻居得什么不治之症，盼望邻居的儿子出意外……然而，每当他看到邻居时，邻居总是活得好好的，并且微笑着和他打招呼。这时他的心里就更加不痛快了。就这样，他每天折磨自己，身体日渐消瘦，胸中就像堵了一块石头，吃不下也睡不着。

　　终于有一天，他决定给他的邻居制造点晦气。这天晚上，他在花圈店里买了一个花圈，偷偷地给邻居家送去。当他走到邻居家门口时，听到里面有人在哭，此时邻居正好从屋里走出来，看到他送来一个花圈，忙说："这么快就过来了，谢谢！谢谢！"原来邻居的父亲刚刚去世。这人顿觉无趣，"嗯"了两声，便走了出来。这使他觉得很窝火，不但没有达到目的，反而把自己陷进去了，让别人捞了"好处"。终于，他又等来了一个机会。上帝说："现在我可以满足你任何一个愿望，但前提就是你的邻居会得到双份的报酬。"那个人高兴不已。但他仔细一想：如果我得到一份田产，邻居就会得到两份田产；如果我要一箱金子，邻居就会得到两箱金子……他

想来想去，不知道提什么要求才好，他实在不甘心让邻居白占便宜。最后，他一咬牙："哎，你挖我一只眼珠吧。"

　　这一招是不是很毒呢？这可不是一般人都能做出的决定。嫉妒犹如毒素，

⊙不要让嫉妒放大你放在别人身上的目光。

其毒让人走火入魔。培根说：嫉妒会使人得到短暂的快感，也能使不幸更辛酸，因而，每个人都应控制住自己的嫉妒心理，合理转移嫉妒情绪，才能与别人一起分享喜悦，使自己超脱不幸和灾难。

巴鲁克说："不要祈求别人遭遇灾难。最好的办法就是不断自我超越。记住，一旦你将目光只放在别人的身上，祈求别人遭遇灾难，也就是承认自己不如别人，害怕别人超越了自己。"

你要想不被别人超越，就要不断自我超越。别人的优秀并不妨碍自己的前进，相反，它可能给你带来前所未有的动力。事实上，一个真正埋头于自己事业的人，是没有工夫去嫉妒别人的。

忘掉嫉妒，你的胸襟会渐渐宽广起来。

## 嫉妒别人是承认自己不如人

嫉妒表示你对自己不满而羡慕别人，对自己不满就是羡慕他人的开始。你希望像别人一样有知识，更漂亮，或是希望和别人一样有栋大房子、有显赫的权势和比现在更高的地位。你希望比现在更有知识，你希望更接近上帝。由于你希望成为一个和现在不一样的人，所以你羡慕别人，嫉妒别人。

刚刚步入中年的英子每每看见办公室的女秘书小江和单位领导在一起，心中就有一种酸酸的感觉。办公室里的姐妹们也议论："小江现在神气了，跟主任跟得那么紧，把我们姐妹们都忘了。"她听着同事们的议论，回忆起最近的一件事，感到的确有些可疑。

有一次，单位出了一点小差错，大家都在加班，干得都很辛苦。可是主任在总结会上，谁也没有表扬，唯独表扬了小江，说小江心细，工作责任心强，为单位挽回了重大损失。同事们心里很不服气，都觉得主任有些偏心眼儿。英子也气愤不过，回家后心情仍不能平静。于是，连夜编造了一封关于主任和小江的"桃色"举报信，第二天邮寄了出去。

过了几天，上级来人把主任叫到会议室谈话。两个小时后，主任走出会议室，满头大汗，眉头紧锁，表情严肃，唉声叹气。英子明白了谈话的原因，躲到卫生间，开心地大笑起来。接着，英子又看到上级单位的人把小江也叫到会议室谈话。一个小时后，英子看到小江出来时好像心事重重的样子，脚步也显得沉重了，英子内心一阵狂喜。

嫉妒往往来源于和他人的比较，一旦认为他人在某方面比自己强，便会时刻想着如何打击、诋毁他人。这样的人不可能专注于自己的事业，而是把所有的精力都放在关注他人的一举一动上。那个被他嫉妒的对象就像一根长在他心头的刺，这根刺成了他生活的中心，使他无法掌控自己的人生方向。

⊙嫉妒心理往往会导致背离自己本真的行为。

嫉妒往往有强烈的排他性，嫉妒心理出现以后，很快就会导致嫉妒行为的产生，例如中伤别人、怨恨别人。而更强烈的嫉妒心理还有报复性，它把嫉妒对象作为发泄的目标，使其蒙受巨大的精神或肉体的损伤。嫉妒心理出现以后，如果不能直接通过某种嫉妒行为达到目的时，就可能会转而等着看嫉妒对象的"好事"，稍有一点挫折或失败出现在嫉妒对象身上时，他们便幸灾乐祸，鼓倒掌、喝倒彩，以此挖苦对方，满足日益膨胀的嫉妒心理需要。如果嫉妒对象遭受到比较大的挫折，他们更是乐不可支，不给予半点同情和安慰。实际上，嫉妒心理及相应的嫉妒行为除了暂时地平衡他们的心理之外，毫无可取之处。一方面，深受其害的嫉妒对象会远离这个"作恶多端"的嫉妒者，旁观者也会对嫉妒者的小人行径不满，嫉妒者以前建立的一些人际关系也可能由此变得紧张起来。另一方面，嫉妒者并不是一个胜利者，他们自己也承受着巨大的心理痛苦，在以后的交往活动中也会裹足不前，不敢与那些条件比自己优越的人交往。

法国作家拉罗什富科曾说："具有某些伟大品质的人最可靠的标志是生来就没有嫉妒。"每一个专注事业的人，是没有工夫去嫉妒别人的，而凡是好嫉妒的人，常常不能把精力集中到自己的生活中，而是投入到一些与自己的生活及工作无关紧要的小事中：比如某个人的生活

| 如何克服嫉妒心理 | |
|---|---|
| 端正认识 | 别人取得了成就，并不意味着是对你的否定；们给予别人赞美和荣誉，也并没有损害你。 |
| 转移注意力 | 嫉妒心一萌发，就立即转移环境，投身于自己最喜爱的活动中去。 |
| 自我安慰 | 人生不如意事十之八九，哪能样样都合你的心；人人都有本难念的经，他也有不如意的事。 |
| 驱除虚荣 | 少一份虚荣就少一份嫉妒心，虚荣心追求的只是虚假的荣誉。 |
| 正确比较 | "以己之长比人之短，而不是以人之长比己之这是最乐观、最科学的比较方法。 |
| 换位思考 | 过多地考虑自身的得失，天地会变得越来越窄。 |
| 主动驱除 | 自我抑制是治疗嫉妒心理的苦药，自我宣泄是治疗嫉妒心理的特效药。 |
| 正确评价自己 | 不要只看自己的优点，也要意识到自己的缺点，这样就会变得"心底无私天地宽"了。 |

作风，再如某个人的学识，还有某个人的穿衣戴帽啦，甚至某个人脸上的几颗雀斑、头上的一根白发等等，一旦被这些人发现了，他们也会为此而兴奋不已，并且会大惊小怪地议论纷纷：哈哈，原来他也不过如此呀！原来他……嫉妒的人在不断地对别人的打击中寻找乐趣，以求内心平衡，而他们自己的生活却因此而搞得一团糟。正如古希腊哲学家德谟克利特所说："嫉妒的人常自寻烦恼，这是他自己的敌人。"与其说是别人的成功妨碍了他，倒不如说是他自己的关注点发生了偏离，自愿从生活轨道上滑落而自毁前程。

从本质上说，嫉妒是看到与自己有相同目标和志向的人取得成就而产生的一种非正当的不适感。它是由于羡慕一种较高水平的生活，或者是想得到一种较高的地位，或者是想获得一种较贵重的东西却未能得到，而身边的人（或站在同等位置的人）先得到了而产生的一种缺陷心理。

⊙嫉妒是灵魂的黄疸。

既然已知自己的弱处，既然已看到自己与别人的差距，自强的人就该知耻而后勇，更应注意点滴的积累，而不是看着别人的优势眼红。"箭欲长而不在于折他人之箭"，"天外有天，人上有人"，茫茫人海总有人会在某一面长于自己。自己比别人差，却不甘心，想要比别人强，就不要诋毁、扼杀别人，而是要提高自身的价值与素养。"别人能做到，我为什么不能做到？"只有具备这样的想法，才能迎头赶上，进而后来居上。

对待别人长处的正确方法是，不让别人发觉自己在羡慕他，因为这样显得自己不如别人，应暗暗下定决心，迎头赶上，甚至超越。

# 在嫉妒中奋起直追

嫉妒往往是个人才能与意志缺乏的体现，伏尔泰说："凡缺乏才能和意志的人，最易产生嫉妒。"因为自己技不如人，就只能用嫉妒的心理去排解心中的不平。一旦任由嫉妒心理自由发展，你就会疏远那些各方面比自己强的人，到头来不仅孤立了自己，而且也会阻碍自己的前进。

我们可以适度地利用嫉妒心理的正面作用，激励自己不断地向上奋进，但切不可被嫉妒操控，产生一种畸形的竞争心态。

嫉妒是对别人的行为感到不满的一种思维方式。它产生于自信的缺乏，因为它是由别人引导的活动。嫉妒会导致任何情绪上的低落，约翰·德赖登称之为"灵魂的黄疸"。真正自信自爱的人并不会嫉妒，更不会允许嫉妒让自己心烦意乱。

有一位名叫卡莱尔的书店经理，在无意中发现了一封店员对他极尽辱骂讽刺的信，说他是个差劲的经理，希望副经理能马上接替他的职务。卡莱尔读了这封信以后，就带着信跑到老板的办公室里。他对老板说："我虽然是一个没有才能的经理，但我居然能用到这样的一位副经理，连我雇佣的店员们都认为是胜过我了，我对此感到非常自豪。"卡莱尔一点也没有嫉妒，而是为自己用了那样能干的副经理而感到自豪。

后来，他的老板不但没有撤换他，反而重用了他。

卡莱尔是一个心胸宽广的人，他对比自己能干的人非但毫不嫉妒，反而大加肯定，为别人感到高兴，这种人的精神着实可嘉。最终他还是得到了老板的信任。

发明家马克西姆曾说："人们想从别人那儿获得的，不外是两种意见：一是'颂扬'，一是'亲爱'。然而立身处世，总要把颂扬抛开，只让别人对你亲爱。因为一经颂扬，就有人嫉妒，嫉妒便造成仇恨了。"

17

为了避免这种可怕的嫉妒扰乱人们的正常生活，就要对它加以消除。事实证明，如果人们除去嫉妒心理，就会更容易获得成功。

迈克尔·乔丹曾是驰名世界的篮球明星，他在篮球场上的高超技艺举世公认，而他待人处世的品格更为人称道。当时皮蓬是公牛队最有希望超越乔丹的新秀，但乔丹没有把队友当作自己最危险的对手而嫉妒，反而处处加以赞扬、鼓励。

为了使芝加哥公牛队连续夺取冠军，乔丹意识到必须推倒"乔丹偶像"，以证明公牛队不等于"乔丹队"，1 个人绝对胜不了 5 个人。一次，乔丹问皮蓬："咱俩 3 分球谁投得好？""你！""不，是你！"乔丹十分肯定。乔丹投 3 分球的成功率是 28.6%，而皮蓬是 26.4%，但乔丹对别人解释说："皮蓬投 3 分球动作规范、自然，在这方面他很有天赋，以后还会更好，而我投 3 分球还有许多弱点！"乔丹还告诉皮蓬，自己扣篮时多用右手，或习惯用左手帮一下，而皮蓬双手都行，用左手更好一些，这一细节连皮蓬自己都没有注意到。乔丹把比他小 3 岁的皮蓬视为亲兄弟："每回看他打得好，我就特别高兴；反之则很难受。"乔丹的话语中流露出他们之间的情谊。

正是乔丹这种无私的言行，树立起了全体队员的信心并增强了凝聚力，取得了一场又一场胜利。1991 年 6 月，美国职业篮球联赛的决战中，皮蓬独得 33 分，超越乔丹 3 分，成为公牛队那个时期的 17 场比赛得分首次超过乔丹的球员。这是皮蓬的胜利，也是乔丹的胜利，更是公牛队的胜利。

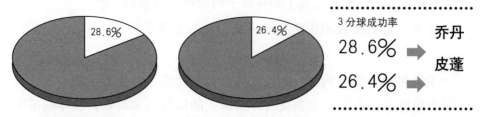

嫉妒是一种很正常的情感。看见自己很想做的事别人可以轻易完成，因而出现嫉妒的情绪，这纯属正常且不至于造成别人的困扰。但是，如果你只是一味地嫉妒，让人生充斥着不满的情绪，就无法享受快乐的生活。如果将嫉妒的负面情绪转换成正面，那就成了快乐生活的出发点。

# 盲从：
## 风向就是方向

盲从是一种被动地寻求平衡的适应，是在攀比之风裹挟下的随大流。它源于从众，出于无奈，又有不得已而为之的意味。

## 为迎合别人而存在

活着应该是为充实自己，而不是为了迎合别人。每个人都应该坚持走自己的道路，不受他人的观点所牵制。我们无法改变别人的看法，能改变的仅仅是我们自己。

有个人一心一意想升官发财，可是从年轻熬到斑斑白发，却还只是个小公务员。这个人为此极不快乐，每次想起来就掉泪，有一天竟然号啕大哭起来。

一位新同事刚来办公室工作，觉得很奇怪，便问他到底因为什么难过。

他说："我怎么不难过？年轻的时候，我的上司爱好文学，我便学着作诗、写文章，想不到刚觉得有点小成绩了，却又换了一位爱好科学的上司。我赶紧又改学数学、研究物理，不料上司嫌我学历太浅，不够老成，还是不重用我。后来换了现在这位上司，我自认文武兼备，人也老成了，谁知上司喜欢青年才俊，眼看我就要退休了，却一事无成，怎么不难过？"

可见，没有自我的生活是苦不堪言的，没有自我的人生是索然无味的，是悲哀的。要想拥有美好的生活，我们必须自强自立，拥有良好的生存能力。一个人若失去自我，也就失去了做人的尊严，就不能获得别人的尊重。

从前，有一个士兵当上了军官，心里甚是欢喜。每当行军时，他总是喜欢走在队伍的后面。

一次在行军过程中，有人取笑他说："你们看，他哪儿像一个军官，倒像一个放牧的。"

军官听后，便走在了队伍的中间，这时又有人讥讽他说："你们看，他哪儿像个军官，简直是一个十足的胆小鬼，躲到队伍中间去了。"

军官听后，又走到了队伍的最前面，又有人又挖苦说："你们瞧，他带兵打仗还没打过一次胜仗，就高傲地走在队伍的最前边，真不害臊！"

军官听后，心想：如果什么事都得听别人的话，自己连走路都不会了。从那以后，他想怎么走就怎么走了。

人要是没了自己的主见，经不起别人的议论，那么就会一事无成，最后都不知该怎么办。我们若想活得不累，活得痛快、潇洒，只有一个切实可行的办法，就是改变自己、主宰自己、不再相信"人言可畏"。

我们每个人都不能孤立地生活在这个世界上，很多的知识和信息来自别人的教育和环境的影响，但你怎样接受、理解、加工组合，是属于你个人的事情，这一切都要独立自主地去看待、去选择。谁是最高仲裁

⊙哪怕逆风行进也要坚持自己的方向。

者？不是别人，而是你自己！歌德说："每个人都应该坚持走为自己开辟的道路，不被流言所吓倒，不受他人的观点所牵制。"让周围每个人都对自己满意，这是不切实际、应当放弃的观点。

我们周围的世界是错综复杂的，我们所面对的人和事总是多方面、多角度、多层次的。我们每个人都生活在自己所感知的经验现实中，别人对你的看法大多有一定的原因和道理，但不可能完全反映你的本来面目和完整形象。别人对你的态度或许是多棱镜，甚至有可能是让你扭曲变形的哈哈镜，你怎么能期望人人都满意呢？

如果你期望人人都对你看着顺眼、感到满意，你必然会要求自己面面俱到。只要你认真努力地去尽量适应他人，就能做得完美无缺、让人人都满意吗？显然不可能！这种不切实际的期望，只会让你背上一个沉重的包袱，顾虑重重，活得太累。

## 跟风之前，先做理性分析

跟风、随大流是人类的"通病"和习惯，是思维懒汉的"专利"，是我们内心中难以觉察到的消极幽灵，只有痛下决心才能够有所改变。

在一个酷热的夏季，一家水果店前排着长队，人们还相互约束：不许加塞，不许超量抢购。这家店之所以生意如此红火，是因为这里卖的是适时对路的新鲜货。但街对面的服装店却冷冷清清的，因为店里积压了大量的防寒服。因此，老板既羡慕水果店，又为自己着急。于是，他想出一个办法：找来几个熟人，认真向他们介绍商品的特点与优点，并说明价格的合理性，临时雇佣他们当促销员，同时先让他们"争相购买"，造成热销景象，还让几位推销员提来许多水，拼命地往防寒服上泼水。老板不失时机地在店门口醒目处贴上一张广告："房屋漏雨，急促卖出，跳楼甩卖。"

几分钟后，一位顾客看到这里商品俏销，就进店了。他看了看防寒服，随即买下一件，又怯生生地问："只能买一件吗？""很抱歉，为了照顾面广一些，每人只能买一件。"老板慢悠悠地答。看到这位顾客磨磨蹭蹭不肯离开的样子，老板额外照顾了两件。过往客人纷纷进来了，这个一件那个两件，争着抢着，好不热闹。有的与售货员套近乎，抱走一大包；有的批评老板的规定，要求多买几件；有的维持秩序，让大家排好队。对面水果店老板也来电话：脱不开身，请留下两件。就这样，滞销品反而成了抢手货。

可见，人的思维就有这种习惯和弱点：总认为多数人做就一定有道理，自己何必多加考虑，随大流就是了。在上面的例子中，老板正是利用了人们这种"从众"的心理来促进销售的。虽然有时从众的习惯明显存在严重缺陷，可人们仍不愿批评它，依然盲目跟随，从而导致无谓的失败。

盲从是可悲的，但这种可悲后面有着一种更

⊙盲目跟风之前，至少要多问几个为什么。

可悲的无形因素，那就是人的内心不坚定。

每年高考报志愿时，大家都会看到这样的场面：莘莘学子拿着报考志愿表，在选择填报哪个学校与专业时却表现得犹豫不决。大家纷纷想寻找"热门"专业，同时对自己能否考上也心存怀疑，所以难免会发出询问："老师，他们都填报了计算机系，你看我是不是这块料？"

在犹豫和怀疑之后，许多优秀学生最终都选择了大家趋之若鹜的"热门专业"。然而，到大学临近毕业时，他们才发现这些"热门行业"其实并不好就业。

这种现象，是在职业选择上典型的从众心理，此类错误普遍存在，说明很多人并没有意识到社会需要的一条客观规律：物以稀为贵。

一旦千军万马都去挤一条独木桥时，那么就会使桥坍塌的可能性大大增加。相反，如果你能独具慧眼，另辟蹊径，见人之所未见，则往往更能适合社会的需要，也就更容易在社会上生存并取得成功。

盲目跟风、从众，必然增加人生的风险。一位老板，几年前听说外地招商引资，就"顺应潮流"到该地投资了上千万元。两年之后，他把所有的钱都亏掉了，最后空手而归。

有人问他："你当初为什么要到那里去投资？"他说："那时候，很多同行都争先恐后地去了，群众的眼睛是雪亮的，大家都认为那里的投资条件优越，大有发展前途。如果我不去的话，担心会丧失了发展的机会。"

很多人都有跟风、从众的心理特点和行为取向，这在心理学上被称为"同类互比"。"人们为了达到其理想的生活目标，随时都需要了解自己的现状，尤其需要了解自己在社会上的位置。当缺乏判断信息的标准和有效方法时，就常常通过与他自认为同类的人进行比较，以此来确定自己的现状、社会位置以及应采取的行动。"

同类互比，是社会给个人设置的一个陷阱和圈套。成功者之所以永远是少数，就是因为大多数人掉进了这个陷阱和圈套。人一旦选择了跟风、从众，往往就意味着选择了失败。

其实，在日常生活中"随大流"可能没什么，但在其他许多重要事

## 如何克服随波逐流

给自己树立一个明确的人生或阶段性目标。这样一来，就会在最大程度上避免周围各种潮流的影响，坚定地走自己的路。

树立属于自己的对事物判断的主体意识，即自己一定要有主心骨。否则，就只能像墙头草那样，随风东倒西歪。

以有自己的做人做事原则为前提，"开放"自己的耳朵。"偏听则暗，兼听则明"，防止自己陷入误信盲从的误区。

戒除不正当的欲望。许多人之所以在自己的立场上站立不稳，盲从潮流，很大程度上是因为被欲望迷惑了心性。

努力培养和提高独立思考和明辨是非的能力，遇事和看待问题，既要慎重考虑多数人的意见和做法，也要有自己的思考和分析，从而使判断能够正确，并以此来决定自己的行动。

情上这样做，往往会葬送了自己。所以，请你千万记住一句话：真理常常掌握在少数人的手里，大家都认为是正确的未必正确。在跟风之前，保持清醒，加以理性判断，才能确保你的人生不受损。

## 不要加入议论人非的群体中

人与人之间的关系是很复杂、很敏感的。特别是在办公室这种场合，几个人在一起就闲聊起来。有时说到某个人时，还会说出一大串的坏话。在这种时候，很多把持不住的人，也会跟着说起某人的坏话来，其结果可想而知，这种坏话不久便添油加醋传到那人的耳朵里，那人不仅对你有了看法，还有可能以其人之道还治其人之身，说你的坏话或打击报复你。

某公司企划科李某升为科长，在同一间办公室坐了几年的同事忽然升迁了，对每个人来说都是一个刺激与震动。平日不分高下，暗中竞争的同事成了自己的上司，总让人有那么一点酸酸的感觉。企划科李某的几个同事背后嘀咕开了："哼！他有什么本事，凭什么升他的官？"一百个不服气与嫉妒就都脱口而出了，于是你一句我一句，把李某数落得一无是处。

小王是分配到企划科不久的大学生，见大家说得激动，也毫无顾忌地说了些李某的坏话，如办事拖拉，疑心太重等。可偏有一个阳奉阴违的同事A，背后说李某的坏话说得比谁都厉害，可一转身就把大家说李某坏话的事说给了李某。

李某想：别人对我不满说我的坏话我可以理解，你小王乳臭未干有什么资格说我，从此对小王很冷淡。小王大学毕业，一身本事得不到重用，还经常受到李某的指责和刁难，成了背后说别人坏话的牺牲品。

在日常生活中，我们难免会遇到别人在你面前说某个人的坏话。此时，你千万要端正自己的态度，不要被他的话左右你的思想，更不要跟着别人去说坏话。最好的办法是，别人在你面前说某个人的坏话时，你不要去插嘴，而是微笑示之。

微微一笑，它既可以表示领略，也可以表示欢迎，还可以表示听不清别人的话。当你不插话，只是微笑不语时，既不得罪说坏话的人，也没有参与说坏话，两边都没有得罪，这是比较好的做法。

有人在你面前说别人的坏话，别人爱怎么说就怎么说，你能不听就不听，能避开最好。实在不能避开，你可以转换话题。

## 用自己的大脑支配自己的行动

一场多边国际贸易洽谈会正在一艘游船上进行，突然发生了意外事故，游船开始下沉。船长命令大副紧急安排各国谈判代表穿上救生衣离船，可是大副的劝说失败。船长只得亲自出马，他很快就让各国的商人都弃船而去。大副惊诧不已。船长解释说："劝说其实很简单。我对英国人说，跳水是有益健康的运动；对意大利人说，不那样做是被禁止的；对德国人说，那是命令；对法国人说，那样做很时髦；对俄罗斯人说，那是革命；对美国人说，我已经给他上了保险。"

这则笑话令我们捧腹之余，不难引发我们对各国文化差异的思索，从中也可以看出在人们身上普遍存在盲从的现象。这个笑话可能有些夸张，但人们喜欢盲从的特点在现代生活中也不乏实例。

前几年流行事物中最令人惊讶的，是人们对于山地自行车的青睐，该车型适宜爬坡和崎岖不平的路面，对于平坦的都市马路毫无用处。山地车骨架异常坚实沉重，车把僵硬别扭，转向笨拙迟缓，根本无法对都市复杂的交通做出灵巧的应变。一天折腾下来，腰酸背痛，加上尖锐刺耳的刹车声，真是一个中看不中用的东西。放着好端端的轻便车不骑，却要弄上一辆如此的蠢拙之物，好像一个人丢下良马，偏要骑那笨牛一样。时髦先生们头戴耳机，腰挎"随身听"，脚踩山地车，一身牛仔服，表面上自我感觉良好得一塌糊涂，然而，这份潇洒的背后，却有许多无奈。

追赶时尚，大约就像骑那山地车一样，即便累你半死，也是心甘情愿的。究其根源："为什么这样？"必答曰："别人都这样！"

盲从的人会说："看我多机灵，不落后于他人，别人刚这么做，我就也这么做了。"盲从的人失去了原则，往往会给自己带来损失或伤害。而要想在生活中、事业上有所成就，就必须摆脱盲从众人的不良习惯，善于用自己的头脑思索问题，做出正确的人生抉择。

**如何不跟风、不盲从**

坚持自己的方向

遇事理性分析

用大脑支配行动

# 懒惰:
## 等着天上掉馅饼

懒惰是索价极高的奢侈品,一旦到期清付,必定偿还不起。懒惰走得如此之慢,以至于贫穷很快就会赶上它。

## 摆脱懒惰的纠缠

我们每个人都喜欢舒适:能站着拿到东西绝对不会跳起来,能坐着拿到东西绝对不会站起来,能躺着拿到东西绝对不会坐起来。有这样一个传说:母亲出远门,给慵懒的儿子的脖子上套上一张极大的饼。10 天之后,她回到家却发现儿子已经死了。原来儿子只吃了嘴边的那块,而懒得动一下手将脖颈后的饼转过来。

懒惰是人的一种劣根性,为了做成某件事,必须与它抗争,超越这种劣根性的钳制。这种抗争和超越,一开始总要由一些外力来强制,进而才逐渐内化为恒定的精神和行为习惯。

一旦养成勤劳的习惯，往往会拥有一份稳定的愉快心情。因为它而专注，意念与行为协调归一，所以恶劣的情绪便没有潜入的机会，更没有盘踞的空间。一个进入勤劳状态的人，心中就不会有长久驻足的懒惰。所以，克服懒惰最直接、最有效的方法就是使自己忙碌起来。

# 业精于勤荒于嬉

《颜氏家训》说："天下事以难而废者十之一，以惰而废者十之九。"惰性往往是许多人虚度时光、碌碌无为的性格因素。惰性集中表现为拖拉，就是说可以完成的事不立即完成，今天推明天，明天推后天。"今天不为待明朝，车到山前必有路"，结果，事情没做多少，美好年华却在这无休止的拖拉中流逝殆尽了。

一个人如果想战胜懒惰，勤劳是唯一的方法。对个人来说，勤劳不仅是创造财富的根本手段，而且是防止被舒适软化、消磨精神活力的"防护堤"。

美国某知名公司董事长雅克妮，原本是一位极为懒惰的妇人，后来由于她丈夫的意外去世，家庭的全部负担都落在她一个人身上，而且还要抚养两个子女。在这样贫困的环境下，她被迫去工作赚钱。她每天把孩子们送去上学后，便利用余下的时间替别人料理家务，晚上，孩子们做功课时，她还要做一些杂务。这样，她懒惰的习性就被克服了。后来，她发现很多现代妇女都因外出工作无暇整理家务。于是她灵机一动，花了7美元买来清洁用品，为有需要的家庭整理琐碎家务。这一工作需要付出很大的勤奋与辛苦。渐渐地，她把料理家务的工作变为了一种技能，并成立了专门的公司。后来，甚至大名鼎鼎的麦当劳快餐店也找她代劳。雅克妮就这样夜以继日地工作，终于使订单滚滚而来。

　　俄国文学家列夫·托尔斯泰年轻时为了克服惰性，采取了两条措施，一是天天做体操，二是每晚睡前写日记。这两条措施，他一直坚持到八旬高龄，日记坚持写到他逝世前四天。正是因为他克服了惰性，养成了毕生勤奋的习惯，才有了《复活》、《安娜·卡列尼娜》等伟大著作，并使他成为文坛巨匠。

　　"业精于勤荒于嬉"。产生惰性的原因就是试图逃避困难的事，图安逸，怕艰苦，积习成性。人一旦长期躲避艰辛的工作，就会形成习惯，而习惯就会发展成不良的性格倾向。

　　比尔·盖茨说："懒惰、好逸恶劳乃是万恶之源，懒惰会吞噬一个人的心灵，就像灰尘可以使铁生锈一样，懒惰可以轻而易举地毁掉一个人，乃至一个民族。"这给我们敲响了警钟。

　　懒惰，从某种意义上讲就是一种堕落，它就像一种精神腐蚀剂一样，慢慢地侵蚀着你。一旦背上了懒惰的包袱，生活将是为你掘下的坟墓。马歇尔·霍尔博士认为："没有什么比无所事事、懒惰、空虚无聊更加有害的了。"

## 懒惰的人常有的表现

光有想法，没有行动。

遇到事情不是积极主动地去干，而总是说："明天再说！"

定好计划也不执行。

该完成的事情也不按时完成，只是一味地往后拖延。

做什么事之前先摆出一大堆困难，进而不做或拖延。

脑中常想：反正离限定时间还早，可以先放一放，让自己放松一下。

常做"临阵磨枪"的事。

三天打鱼，两天晒网。

懒惰者是不能成大事的，因为懒惰的人总是贪图安逸，遇到一点儿风险就吓破了胆。另外，这些人还缺乏吃苦实干的精神，总存有侥幸心理。而成大事之人，他们更相信"勤奋是金"。所以在被懒惰摧毁之前，你要先学会摧毁懒惰。从现在开始，摆脱懒惰的纠缠，不能有片刻的松懈。

⊙懒惰是成功的大敌。

懒惰是学习的大敌，是工作的大敌，是生活的大敌。一个人的懒惰只是个人的不幸，一个民族的懒惰，则是整个民族的悲哀！我们肩负着振兴中华民族的伟大使命，全面建设小康社会需要我们每个人打起十二分的精神，艰苦创业，勤奋工作。

## 成功来自勤奋工作

早上躺在床上不想起来，起床后什么事也不想干，能拖到明天的事今天不做，能推给别人的事自己不做，不懂的事自己不想懂，不会做的事自己不想做……"懒惰"是个很有诱惑力的怪物，人一生谁都会与这个怪物相遇。它是人类最难克服的一个敌人，许多本来可以做到的事，都因为一次又一次的懒惰而错过了成功的机会。

"勤奋是通往成功的必经之路！"这是古罗马皇帝临终前留下的遗

言。当时，农业生产是受人尊敬的工作，罗马人被称为优秀的农业家，因为罗马人推崇勤劳的品质，才使整个国家逐渐变得强大。然而，当财富日益丰富，奴隶数量日益增多，勤劳不再是最受推崇的美德时，罗马便开始走下坡路，有着崇高精神和灿烂文化的罗马帝国没落了。

古罗马人有两座圣殿，一座是美德的圣殿，一座是荣誉的圣殿。他们在安排座位时有一个顺序，必须经过前者的座位，才能达到后者——勤奋是通往荣誉圣殿的必经之路。

人生路上，要想到达成功的圣殿，唯一的道路也是勤奋。

小张是一个公司的速记员，一个星期六的下午，同事们约好了去看球赛，这时公司的一位律师走进来问小张，去哪儿能找到一位速记员帮忙。小张告诉他，公司所有速记员都看球赛去了，如果晚来5分钟，自己也会走。小张又说："球赛随时都可以看，工作第一，让我来帮你吧。"

## 如何克服懒惰

避免不必要的时间浪费。虚掷时间不仅是让生命虚度，更重要的是它会在这个过程中不知不觉地腐蚀掉人们争分夺秒的勤奋意识，从而滑向懒惰的方向。所以，一定要尽力避免被各种无聊的人事浪费时间。

缩小时间单位，给自己紧迫感。这是鞭策自己远离懒惰的一种有效方法。

必要时把自己当作"犯人"管起来。懒惰其实就是自己太放纵了，对自己"原谅"得太多。所以，一定要想办法把自己管制起来。这对于意志软弱的人来说有很好的效果。

行动起来。现在就行动，不拖拉，不延宕，脚踏实地做好每一件事情，让懒惰无隙可入。

端正生活态度，明确生活的真正意义。

律师问应该付多少钱给小张，小张开玩笑地回答："哦，既然是你的工作，那就 10 美元吧。换了别人，我就白帮忙。"律师笑了笑，向小张表示谢意。

小张确实是在开玩笑，把 10 美元的事忘得一干二净。但在 6 个月后，律师不但支付了他 10 美元，还邀请他到自己公司工作，薪水比过去高一倍。

小张只是在不经意间多做了一点点事情，结果却得到如此巨大的回报。这样看来，比别人勤奋一点点，你将会受益匪浅。

一位哲人曾经说过："世界上能登上金字塔顶的生物只有两种：一种是鹰，一种是蜗牛。不管是天资奇佳的鹰，还是资质平庸的蜗牛，能登上塔尖，极目四望，俯视万里，都离不开两个字——勤奋。"

一个人的发展与成长，天赋、环境、机遇、学识等外部因素固然重要，但更重要的是自身的勤奋与努力。没有自身的勤奋，就算是天资奇佳的雄鹰，也只能空振双翅；有了勤奋的精神，就算是行动迟缓的蜗牛，也能雄踞塔顶，观千山暮雪，渺万里层云。成功不单纯依靠能力和智慧，更要靠每一个人孜孜不倦地勤奋工作。

⊙懒惰是成功路上的绊脚石，只有摒弃懒惰的恶习，才能通向成功。

# "永不动摇的时间表"

被媒体誉为"清华神厨"的张立勇，曾经因贫困而高中辍学，开始了漫漫打工路。他先到广州打工，数年后，到清华大学第十五食堂做厨师。为了学习英语，他给自己制定了一张"残酷"的时间表，他的生活就以这张表为准则，一切都服从于它。

他的时间表是这样的：6点必须起床，6点15分到6点30分出去跑步，6点30分到7点背英语，7点到7点10分或者7点15分刷牙、洗脸，然后出发到食堂，7点30分上班；午饭时间控制在8分钟之内，剩下的7分钟背英语；中午1点钟听英语广播；晚上8点下班，学习英语到12点，深夜12点45分到1点15分收听英语广播。

他称这个时间表是"永不动摇的时间表"，为了学习，他往往夜里两三点钟才休息，实在太累的时候，定好的闹铃声听不到，上班就会迟到并挨领导的批评。为了能早起床，他就多买了一个闹钟，再加上朋友送的一个，一共有3个闹钟，上班就不会迟到了。闹钟保证了他的时间表不发生变化，保证了他的学习计划。

就是这张"永不动摇的时间表"，让惰性没有了可乘之机。

张立勇白天上班的时候很辛苦，几乎没有自由时间。但他认为时间就像是海绵里的水，一挤就有了。食堂的工作很紧张，中间休息的时间很短，按规定，在给学生卖饭之前，内部有15分钟时间先吃饭。然而，张立勇却只用8分钟吃饭，在节约下来的7分钟里，就躲在食堂碗柜后面背英语。常常是同事在碗柜这一边吃饭，他在另一边背英语。

为了学习，张立勇饱受着很大的精神压力，有时候是他的父母生病了，有时候是遭到同事的讥讽。每个人都有惰性和依赖性，太累的时候，也会想到偷懒，但是他有很强的意志和自控能力，他在床头写上"克己"、"行胜于言"、"挑战自我"等警句，时时提醒自己："你不能偷懒，至少你目前不能偷懒，你不能喝酒，你不能谈女朋友，你没有时间打牌，你还没有资格享受。"

这张"永不动摇的时间表"更是对一个人毅力和耐心的考验。

⊙勤劳能够放大你的优势，有利于事业的成功。

张立勇一边工作一边学习，休息时间很少，经常犯困，晚上 8 点下班后赶到教室，坐下来就想睡觉。但是，无论身体和精神有多累，他都要求自己必须实现自己制定的学习目标。假定一天该看完 10 页，结果难以控制，趴在桌上睡着了，一页也没看完，面对这种状况，他就打满一杯热气腾腾的开水。别人的水一般是凉了再喝，而他是趁热喝，开水烫得全身打个机灵，舌头痛得不行，然而睡意却马上消失了。这种执行方式几近于"残酷"，却是超强毅力的体现。

张立勇每天的学习任务很明确，有的时候他必须要战胜自己的身体。人都是有惰性的，也特别容易自我放松，如果稍微松懈一下，就会浪费很多时间，学习的连贯性和学习计划都会遭到破坏。古人云："明日复明日，明日何其多。我生待明日，万事成蹉跎。"这大概是最好的警示诗了。他告诫自己，越是在困难的时候越要想办法坚持下来。否则，所有的努力都会化成泡影。

张立勇就是这样"永不动摇"地学习，十年磨炼，终于学有所成。这张"永不动摇的时间表"改变了他的命运。张立勇在清华大学食堂工作了 8 年，坚持自学英语，通过了国家英语四、六级考试，托福考了 630 分，被清华大学学生尊称为"馒头神"，被媒体誉为"清华神厨"。

纵观古今，惰性是与成功失之交臂的原因。惰性，使人的才华被埋没，使人的潜能被扼杀，使人的希望变得虚无缥缈。如果一个人一生为惰性所控制，那他只有忍受"南柯一梦"的失落，很难有大的作为。只有克服惰性，才能取得更大的成功。

# 贪婪：
## 欲海无边

你看见一部车子，一所房子，然后你想拥有它，或是你想达到有钱人的地位，成为被人注目的大人物，这就是欲望。面对欲望，过分放纵固然不可取，但彻底否定自己的欲望也是不对的。也许我们真正想要的不是远离欲望，而是摆脱贪婪所引起的担忧、焦灼和痛苦。

## 贪婪到极致是虚无

物质是生活的基础，对物质的追求是理所当然的。但是，人一旦掉进贪婪的陷阱，就如坠入万丈深渊，万劫不复。

以前，有一个国王，王妃为他生了一群白胖的王子。好不容易他最宠爱的一个妃子为他生了一位漂亮的公主。国王对小公主疼爱有加，视

⊙贪婪是欲望的奴隶，人们在欲望的驱使下忙碌却不知所终。

如掌上明珠，凡是公主要求的东西，国王从来都不会拒绝。就是她要天上的星星，国王也恨不得攀登天空，为公主摘下来。

公主在国王的呵护纵容下，慢慢成长为豆蔻年华的少女，渐渐懂得了装扮自己。有一天，春雨初霁的午后，公主带着婢女徜徉于宫中花园。只见树枝上的花朵，经过雨水的润泽，花苞上挂着几滴雨珠，显得愈发娇艳；蓊郁的树木，翠绿得逼人眼睛。公主正在欣赏雨后的景致，忽然目光被荷花池中的奇观吸引住了。原来池水正冒出一颗颗状如珍珠的水泡，浑圆晶莹，闪耀夺目。公主看得入神忘我，突发奇想："如果把这些水泡串成花环，戴在头发上，一定美极了！"

她打定主意，于是叫婢女把水泡捞上来，但是婢女的手刚一触及水泡，水泡便破灭无影。折腾了半天，公主在池边等得愤愤不悦，婢女在池里捞得心急如焚。公主终于气愤难忍，一怒之下，便跑回宫中，把国王拉到了池畔，对着一池闪闪发光的水泡说：

"父王！您一向是最疼爱我的，我要什么东西，您都依着我。现在女儿想要把池里的水泡串成花环，戴在头上。"

"傻孩子！水泡虽然好看，终究是虚幻不实的东西，怎么可能做成花环呢？父王另外给你找些珍珠水晶，一定比水泡还要美丽！"国王无限怜爱地看着女儿。

"不要！不要！我只要水泡花环，我不要什么珍珠水晶。如果您不给我，我就不想活了。"公主哭闹着。束手无策的国王只好把朝中的大臣们集合于花园，忧心忡忡地说道："各位大臣，你们号称是本国的奇工巧匠，你们之中如果有人能够用池中的水泡，为公主编织美丽的花环，我便重重奖赏。"

"陛下！水泡刹那生灭，触摸即破，怎么能够拿来做花环呢？"大臣们面面相觑，不知如何是好。

"哼！这么简单的事，你们都无法办到，我平日如何善待你们？如果无法满足我女儿的心愿，你们统统提头来见。"国王盛怒了。

"国王请息怒，我有办法替公主做成花环。只是老臣我老眼昏花，实在分不清楚水池中的水泡，哪一颗比较均匀圆满，能否请公主亲自挑选，交给我来编串。"一位须发斑白的大臣神情笃定地打圆场。

公主听了，兴高采烈地拿起瓢子，弯下腰身，认真地舀取自己中意的水泡。本来光彩闪烁的水泡，经公主轻轻一触摸，霎时破灭，变为泡影。捞了半天，公主连一颗水泡也没有拿起来。

显然，公主的水泡花环梦想难以实现。我们暂且不说公主失望的表情，先来研究分析一下公主有此梦想的根源：正因为公主生活无忧，物质富足，她才贪婪那些虚无的东西。可以说，这是贪婪的极致。极致的贪婪蒙蔽了公主的眼睛，使她是非难辨，幻想与现实不分，闹出如此笑话。现代生活中的某些人是不是也有着公主的影子呢？过度的追逐，只能陷于痛苦的深渊。然而，世人大都面对金钱爱不释手，面对名利心难清静。更有甚者，为虚无的目标而苦命追逐。然而由于目标不当，有时不仅不会带来快乐，反而会成为烦恼的根源，且白费精力。

# 贪欲不止，祸流滔天

欲望，永不满足的欲望，一方面是人们不懈追求的原动力，成就了"人往高处走，水往低处流"的箴言；另一方面也诠释了"有了千田想万田，当了皇帝想成仙""人心不足蛇吞象"的人性弱点。

其实欲望并非万恶之源，它既能使人堕落，又是人类进步的阶梯。

尼采认为，意志创造了世界却对人的自身无补，人们永远无法满足自己的欲望，永远受到欲望的煎熬，而这则是人生悲剧的根源。假如每个人都进入无知无欲的状态，那么社会以及整个人类都会倒退，甚至再度回到小国寡民的社会中去。

⊙ 人心不足蛇吞象，欲望是永远都无法满足的。

这里所说的人不能没有欲望，并不代表人只有欲望，最关键的是要做到欲与望的平衡。

有一个男人，经过了自己的艰苦努力，终于拥有了自己的事业和家庭，房子、车子在他的生活中样样齐全。而投身商海这么多年，没日没夜地奔波、操劳的他，有一天终于感觉累了，疲倦了，看着渐渐发福的太太，不由得感叹道："太太，在这个社会上，我们也算小富有余了，我想好好休整一年，然后去找个简单的工作。"

太太不满："作为男人，要有远大志向，不能稍富即安，我们离真正的富翁还差得太远。"

太太的话像针一般又深深地扎进男人的心中，男人的尊严在那一刻受到了撞击，人活着究竟为什么，就为那些花花绿绿的钞票吗？他迷茫了。

然而未等再展宏图，他却轰然倒下了，莫名其妙的消瘦，胸部长时间的憋闷，让他不得不走进医院。检查的结果让他目瞪口呆，诊断书上清晰地写着两个字：肺癌。他跌坐在椅子上，医生握着他的手，安慰他："慢慢调养，保持快乐的心情。"

回到家中，他感觉房子突然变小了，太太也变得好像不认识了，整天一句话也不说，常常面对着窗外的小鸟发呆，自己再也飞不高了，什么创业，什么人生，什么追求，此刻都失去了意义。于是他扔下一张纸条：

我走了，是贪婪毁了我，毁了这个家。

正如宋朝理学大家程颐所讲："一念之欲不能制，而祸流于滔天。"古往今来，贪婪成性的大有人在，因贪婪而身败名裂，甚至招致杀身之祸的人就更是不胜枚举了，而驱使他们做出种种抉择的唯一动力便是贪婪的心态。恩格斯曾鲜明地指出：卑劣的贪欲是文明时代从它存在的第一日起直至今日的动力；财富，财富，第三还是财富——不是社会的财富，而是这个微不足道的单个的个人的财富。这就是文明时代唯一的、具有决定意义的目的。

## 欲望越小，人生越幸福

我们所拥有的并不少，而仅仅是因为欲望太多，才使得自己不满足，甚至憎恨别人所拥有的或期望比别人拥有得更多，以致心里产生失落、愤怒和不平衡。欲望太多，就会导致心理贫穷！

| 如何克服贪婪 | |
| --- | --- |
| 道德自警 | 贪婪既是一种人性弱点，更是一种道德败坏的表现。我们应当尽力远离它。 |
| 自我反思 | 假如你发现自己有贪婪的表现或倾向，应好好分析一下它的成因，然后对症下药予以矫正，使自己光明磊落做人。 |
| 现实警戒 | 生活中那些因贪婪而走向不归之路的人，应成为我们时时进行自我警戒的反面教材。 |
| 进行合理健康的心理调节 | 虽然人人都会有欲望，但这要与本人及客观条件相符。尽量不要沉迷于非分之想中，而要做到知足常乐。 |

1856 年，俄亥俄州的亚历山大商场发生了一起盗窃案，共失窃 8 只金表，价值 16 万美元，在当时，这是相当庞大的数目。

就在案子尚在侦破中时，纽约商人罗森到此地批货，随身携带了 4 万美元现金。当他到达下榻的酒店后，先办理了贵重物品的保存手续，接着将钱存进了酒店的保险柜中，随即出门去吃早餐。

在咖啡厅里，他听见邻桌的人在谈论前阵子的金表盗窃案，因为是当时的新闻，这个商人并没有太在意。

中午吃饭时，他又听见邻桌的人谈及此事，他们还说有人用 1 万美元买了两只金表，转手后净赚 3 万美元，其他人纷纷投以羡慕的眼光说："如果让我遇上，不知道该有多好！"

罗森听到后，却怀疑地想："哪有这么好的事？"

到了晚餐时间，金表的话题居然再次在他耳边响起，等到他吃完饭，回到房间后，忽然接到一个神秘的电话："你对金表有兴趣吗？老实跟你说，我知道你是做大买卖的商人，这些金表在本地并不好脱手，如果你有兴趣，我们可以商量商量。品质方面，你可以到附近的珠宝店鉴定，如何？"

罗森听到后，不禁怦然心动，他想这笔生意可获取的利润比一般生意优厚许多，于是便答应与对方会面详谈，结果以 4 万美元买下了传说中被盗的 8 只金表中的 3 只。

但是第二天，他拿起金表仔细观看后，却觉得有些不对劲，罗森将金表带到熟人那里鉴定，没想到经鉴定，这些金表居然都是假货，全部只值 2000 美元而已。直到这帮骗子落网后，商人才明白，从他一进酒店存钱，这伙骗子就盯上了他，而他一整天听到的金表话题，也是他们故意安排设计的。

歹徒的计划是，如果第一天罗森没有上当，接下来，他们还会有许多花招准备继续诱骗他，直到他掏出钱为止。

因为贪欲而迷失方向的人比比皆是；因为贪婪而丧失天良的人也随处可见。贪欲不仅可怕，也是导致许多人失败的原因。

有一对即将结婚的未婚夫妻，兴奋地憧憬着未来的美好日子，因为他们中了一张高额彩券，奖金是7.5万美元。

可是，这对马上要结婚的新人，却在中奖后隔天，就为了"谁该拥有这笔意外之财"而闹翻了。两人大吵一架，并不惜撕破脸，闹上法庭。为什么呢？因为这张彩券当时是握在未婚妻的手中，但是未婚夫则气愤地告诉法官："那张彩券是我买的，后来她把彩券放入她的皮包内，但我也没说什么，因为她是我的未婚妻嘛！可是，她竟然这么无耻、不要脸，居然敢说彩券是她的，是她买的！"

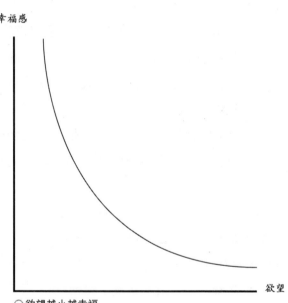

⊙欲望越小越幸福。

这对未婚夫妻在法庭上大声吵闹，各说各话，丝毫不妥协、不让步，让法官也伤透脑筋。最后，法官下令，在尚未确定谁是谁非之时，彩券发行单位暂时不发出这笔奖金！而两位原本马上要结婚的佳偶因争夺奖券的归属而变成怨偶，双方也决定取消婚约。

有人说："结婚，经常不是为了钱；离婚，却是经常为了钱！"

的确，人的私心、贪婪，常使人跌倒，重重地跌在自己恶念的祸害里。

托尔斯泰说："欲望越小，人生就越幸福。"同理，我们也可以说欲望越大，就越容易致祸。的确，古往今来，多少人欲壑难填，多少人被贪婪打败。所以，生活中，我们一定要减轻欲望，懂得舍弃，只有这样才能从贪婪中解脱，从而获得内心的安宁。

# 诱惑面前，保持自制

人的一生当中，会遇到很多陷阱，而这些陷阱之中，最为可怕的一种是自掘的陷阱——贪婪。因为贪心，人们会忽略自己的弱点，不顾一切去满足欲望。这时，即使危险摆在面前，人们也无法去理会、去避让。贪心遮住了你的眼睛，使你无法看到危险所在。

据说东南亚一带，有一种捕捉猴子的方法很是别致，它的奥妙所在，就是利用了一个"贪"字。当地人用一个木箱子，将一些美味的水果放在里面，箱子上开了一个小洞，大小刚好够猴子的手伸进去。

如果猴子抓了水果，手就抽不出来，除非它把手中的水果丢掉，但大多数猴子不愿把手中的东西放下，以致猎人不需要费什么力，就可以很轻易地捉住它们。

人们可能会笑猴子真傻。但是人们又何曾想到，自己有时的行为正和这些猴子一样。为了一些蝇头小利，人们可能不惜牺牲自己的健康、时间、道德原则，而自己却不自知。

有一个人，偶然在地上捡到一张百元大钞。因为这笔意外之财，他以后总是低着头走路，希望还能有这样的运气。

久而久之，低头走路成了他的一种习惯。若干年后，据他自己的统计，总共拾到纽扣 3.9 万多颗，针 4 万多根，钱则只有几百块，可是他却成了一个严重驼背的人。可想而知的是，在低头走路的岁月里，他

⊙人心不足蛇吞象。贪婪是一种自掘的陷阱。

没能好好地去欣赏落日的绮丽、幼童的欢颜、大地的鸟语花香。

贪婪的可怕之处，不仅在于摧毁有形的东西，而且能搅乱一个人的内心世界。某些本该恪守的原则，都可能在贪心面前垮掉。

有一个走私客特鲁西，由于警方追捕得很紧，一时无处藏身。于是，他灵机一动，带着所有的走私货，躲到一家破旧的教堂中，并且请求教堂里的老牧师答应他把这些走私品藏到教堂的阁楼里。他想警方一定想不到这些东西藏在教堂中，所以万无一失。这位虔诚的牧师当然立即拒绝了特鲁西的要求，并且要此人马上离开，否则他就要报警了。

"我给你一笔钱，以报答你的善行，你看20万元怎么样？"特鲁西不死心。

老牧师坚定地说："不！"

"那么50万呢？"

老牧师依旧拒绝。

"100万元？"特鲁西仍不死心。

老牧师突然大发雷霆，用力把那人推到外面去，说道："快给我滚出去，你开的价钱，已经快接近我心里的数目了。"

老牧师还算得上一个有自制力的人。他知道自己的心理底线，也知道自己在重金面前有可能挡不住诱惑。但生活中的你呢？在形形色色的诱惑面前，能保持一颗知足的心吗？

其实，我们每一个人所拥有的财物，无论是房子，还是车子；无论是有形的，还是无形的，没有一样是属于你自己的。那些东西不过是暂时寄存于你，有的让你暂时使用，到了最后，物归何主，尚未可知。所以智者把这些财富统统视为身外之物。

"身外物，不奢恋"是思悟后的清醒。因为即使我们拥有整个世界，一天也只能吃三餐，一次也只能睡一张床，即便是一个挖水沟的工人也可如此享受。许多事实证明，生活中鱼和熊掌难以兼得。

# 贪婪是怎样形成的

我们都读过伟大诗人普希金所写的《渔夫和金鱼的故事》。故事中那位老太婆，本来已经得到了金鱼为报恩而给予的诸多好处，但由于她让自己的欲望一再膨胀，有了高大明亮的木房子，还要做世袭的贵妇人，之后又要当至尊无上的女皇，但这些竟然都不能使她满足，等到她贪心不足地要求做要金鱼侍候的"海上女霸王"时，终于遭到了惩罚：恢复到只有破房子和破木盆的原状。这无疑是一个颇具深意的暗示：贪婪者的结局就是"竹篮打水一场空"。

"贪"的本义指爱财，"婪"的本义指爱食，"贪婪"指贪得无厌，意即对与自己的实际情况不相称的某一目标的过分欲求。

贪婪心理的成因，说简单也简单，说复杂也复杂。客观来讲，社会上太多的诱惑和不健康的思想，有时会让人心走向歪门邪道。但更重要的原因，显然在于人们自己的主观因素。人在成长和生活的过程中，很可能会接受或产生一些错误的价值观念，比如认为社会是为自己而存在的，天下之事物应为自己拥有。这种严重的个人主义，就很容易导致人滑向贪婪，使人得陇望蜀，欲壑难填。有了票子，想房子，有了房子，想位子；有了位子，想……这样形成了习惯，也就被贪婪之心给控制住了。

行为的强化作用也会使贪欲增强。有贪婪之心的人，在初次伸出黑

⊙ 得陇望蜀，欲壑难填是贪婪之人的本质特征。

手时，一般也多有惧怕心理，然而一旦得手，在尝到甜头之后，胆子就会越来越大。每一次的攫取成功，都会刺激那颗贪婪之心。

有时，我们可能也会很奇怪，那些所谓的"贪婪者"，其实也是很本分的人，为什么就会陷入贪婪的泥潭而不能自拔呢？这恐怕就是攀比的心理在作怪。有的人在看到原来与自己境况差不多的邻居、朋友、同事或者下属，甚至原来远远不如自己的人，都能比自己过得好得多，心理就会严重失衡，觉得自己活得太失败，于是一股贪婪之念油然生发出来，慢慢地也就学会了伸出贪婪之手，并且越来越频繁。

除此之外，扭曲的补偿心理也是形成贪婪习性的一种重要因素。有些人原来家境贫寒不堪，或者曾经受过很大的苦难，觉得命运对自己很不公平。一旦地位、身份升级，便利用手中的资源向社会或他人疯狂地索取，蜕变成一个不折不扣的贪婪者。

通过贪婪心理的成因，我们可以看出贪婪是一种病态心理，与正常的愿望相比，贪婪不但没有能够满足的时候，反而是越满足胃口越大，而这往往就导致人的心理失衡，最终无可救药。从这个意义上来讲，贪婪确实可以称得上是一个魔鬼。它会让人失去理智，明明知道是火坑也不由自主地往里跳，还让人自以为既能得到自己想要的东西，又能进退自如。岂不知在伸手的瞬间，贪婪就使他注定落入他人设好的圈套，注定了被设圈套的人牵着走，从此身不由己，说着言不由衷的话，做着违背自己意愿的事，轻则弄得狼狈不堪，重则身败名裂，身陷囹圄。

贪婪的可怕之处还表现在，很多时候有些人为了得到自己想要的东西，殚精竭虑，费尽心机，甚至不择手段地去攫取，到最后也许他真的如愿以偿了，但在整个的追逐过程中，他也已经失去了比所得的更为宝贵的东西，或者留下了永远都无法弥补的人生遗憾。也就是说，贪婪不仅摧毁有形的东西，更能搅乱一个人的内心世界。一个人的理智、自尊乃至未来的所有的希望，都有可能被贪婪这个魔鬼吞噬。

作为人性的原恶之一，贪婪是人的生命中不能承受与回避的重中之重。 社会中，一切的丑恶、野蛮、杀戮、欺骗等不堪入目的罪恶，都是以贪婪为发源地的。人一旦显现出了自己灵魂深处的贪婪本性，就等于走上了一条不归路。这不仅仅表现在贪婪是以生命为代价的，而且还是以灵魂为代价的。贪婪就像吸毒，是一项自毁的工程。据巴西科学家研究显示，任何贪官的一生都是在惊恐、惶惑之中度过的，他们的生命不仅比一般人短，而且其心理无时无刻不在受着无可名状的煎熬。

由于贪婪的成因既是隐藏性的，又具有历史和现实双重的复杂性，使得它确实能像一个魔鬼那样无孔不入，几乎在每一个人身上都有停留、生长和爆发的可能。所以说，人活着，就要学会用理智驾驭自己的欲望，明辨是非，认清欲望背后潜在的危险，不可放纵自己的贪婪之心。必要的时候，完全可以使用强制的手段来和自己的贪欲做斗争，用法律的清洗剂彻底清洗自己的灵魂，使其得以再生。

当然，贪婪并非遗传所致，而是个人在后天环境中因各种因素叠加而致，所以，它绝不是不治之症，是每一个人都能够通过正确的方法加以克服和避免的。

# 吝啬：
## 一毛不拔的铁公鸡

凡吝啬的人大多都是自私的、贪婪的。这类人总是嫌自己发财速度太慢，总嫌发财"效率"太低，总想不劳而获或者少劳多获，因而挖空心思、不择手段地算计他人、算计集体、算计社会。一般的情况是：在吝啬者口袋里的金钱，或多或少地带有不洁的成分，廉耻、天良、真理，都会沉沦在吝啬者的吝啬之中。

## "铁公鸡"的下场

齐国有一名叫夷射的大臣，经常为齐王出谋划策"整治"别人，被齐王视为近臣。一次齐王宴请他，由于不胜酒力，喝得有些过量，他便到宫门后吹风。守门人曾受过刖刑，是个无聊之人，欲向夷射讨杯酒吃。夷射天生吝啬，再加上对他很是鄙弃，便大声斥责道："什么？滚到一边去！像你这样的囚犯，竟然向我讨酒喝？！"

守门人非常愤恨。这时因下雨，宫门前刚好积一摊水，状如便溺之物，守门人便萌生报复心理。

次日清晨，齐王出门，见门前一摊其状不雅的水迹，心中不悦，急唤守门人道："是谁如此放肆，在此便溺？"

守门人见机会来了，故作惶恐支吾道："我不是很清楚，但我昨晚看到大臣夷射来过这里。"

齐王果然以欺君之罪，赐夷射死。


一杯酒本不足以挂齿，但正是由于夷射的吝啬，才导致杀身之祸。吝啬的代价是巨大的。有时，别人所求于你的，往往对你是微不足道的，但对他而言，却意义重大。你给了，虽然有点儿细小的损失，但却得到了一颗感恩的心；你不给，虽然看似毫发无损，却在别人的心里种下了嫉恨的种子。俗话说："滴水之恩，当涌泉相报"。古人之所以看重滴水之恩，是因为里面透露了一种人性的善意。不管这滴水之恩是来自于陌生人还是熟人，给予这种恩惠，是人家的好意；不给，也是无可厚非的。因此，滴水之恩，往往是更为值得珍视的恩情。

生活中有人称吝啬的人为"一毛不拔"、"铁公鸡"，这只说明了吝啬行为的一个表象，实质上，吝啬者的吝啬来自于他们内心的冷漠。他们过分看重自己的财物，甚至可以为了蝇头小利而六亲不认。然而，当他们抱着辛苦守下来的"财富"时就会发现，自己才是真正的贫穷。


## 形形色色的吝啬鬼

庄子由于家贫，所以不得不经常靠借粮为生。这天，庄子来到了监河侯（官名）的住处，希望能从他那借点粮食，好让自己渡过难关。

监河侯一听说庄子是来借粮的，马上摆出一副笑脸，说道："好说，好说！我非常愿意借给你，可是现在我手上实在没有粮啊！要不你再忍耐两天，等我收了租子之后借给你，好不好？"

庄子听后气愤地说："昨天我经过这里的时候，听见有个声音在叫我。我回头一看，原来在车轮碾过的沟中有一条鲋鱼。我觉得很奇怪，就问那条鲋鱼：'你为什么会在这呢？'那条鲋鱼可怜巴巴地说：'我是从东海来的，如今被困在这里了，你有一升水救我吗？'我一听是东海来的，就对它说：'你等着，我这就去游说吴越之王，让他开凿运河，引长江之水来救你。'鲋鱼听后生气地说：'你不愿意救我就算了，如果照你说的，你还不如干脆把我卖到鱼店里去算了。'"

监河侯听后满脸通红，半天没有说话。

这则寓言讽刺的是那些形式主义、言过其实的人，但它从另一个方面也狠狠地讽刺了"监河侯"这个表面大方，实质吝啬的小气鬼。

古今中外，吝啬鬼的形象在文学作品中比比皆是。在世界文学史上，有四大最典型的吝啬鬼形象，他们分别是：莎士比亚戏剧《威尼斯商人》中的夏洛克，一个典型的吝啬商人的形象，最终落得个人财两空；莫里哀喜剧《悭吝人》中的阿巴贡，富甲一方，但却没有亲情，最后死无葬身之地；果戈理长篇小说《死魂灵》中的泼留希金，家财万贯，拥有上千农奴，但却吝啬至极，经常去捡破烂，最后连他的女儿都离他而去；巴尔扎克长篇小说《欧也妮·葛朗台》

⊙吝啬鬼在临终前的最后一刻，都会纵身扑向金钱。

中的老葛朗台，嗜财如命，连他的女儿都不能碰他的财产，直到临死前每天还都要看一眼他的金子，最后带着"遗憾"死去。

中国的文学家也没有放过这些吝啬鬼，最典型的恐怕要数《儒林外史》中的严监生了。严监生临死之前还伸着两个手指头不肯断气，直到妻子道出"天机"，子侄们熄灭了那两根灯草，他才满意地闭上了眼睛。

这就是吝啬，一个会使人失去亲情、友情、爱情的人性弱点。

# 吝啬不分远近

罗素说过，吝啬比其他事更能阻止人们过自由而高尚的生活。这就是告诉我们一定要摒弃吝啬的不良习惯。

凡吝啬的人一般都是自私的、贪婪的。这类人总是嫌自己发财速度太慢，总嫌发财"效率"太低，总想不劳而获或者少劳多获，因而挖空心思、不择手段地算计他人、算计集体、算计社会。一般的情况是：在吝啬者口袋里的金钱或多或少地带有不洁的成分。廉耻、天良、真理，都会沉沦在吝啬者的吝啬之中。

过于吝啬的一个突出表现就是与人交往时只索取不奉献。

有个勤劳而忠实的男孩叫汤姆，他一个人住在一间小屋子里，并且拥有一座村庄里最美丽的花园。小汤姆有很多的朋友，其中有一个磨坊主叫汤恩。汤恩是个很富有的人，他总是自称是小汤姆最忠厚的朋友，因此他每次到小汤姆的花园来时，都以好朋友的身份拎走一大篮子美丽的鲜花，在水果成熟的季节还拿走许多水果。

汤恩经常说："真正的朋友就该分享一切。"但是，他从来没有给过小汤姆什么。

冬天的时候，小汤姆的花园枯萎了。"忠实的"磨坊主朋友却没去看望过孤独、寒冷、饥饿的小汤姆。

汤恩在家里对他的家人说："冬天去看小汤姆是不恰当的，人们经受困难的时候心情烦躁，这时候必须让他们拥有一份宁静，去打扰他们是不好的。而春天来到的时候就不一样了，小汤姆花园里的花都开放了，我去他那采回一大篮子鲜花，我会让他多么高兴啊。"

磨坊主天真无邪的儿子问他："爸爸，为什么不让小汤姆到咱们家来呢？我会把我的好吃的、好玩的分给他一半。"

谁想到磨坊主却被儿子的话气坏了，他怒斥这个白白识了字、仍然什么都不懂的孩子，他说："如果小汤姆来到我们家，看到了我们烧得暖烘烘的火炉、我们丰盛的晚饭，以及我们甜美的红葡萄酒，他就会心生妒意，而嫉妒则是友谊的大敌。"

磨坊主的论调无疑是吝啬者自己的堂皇之词。

吝啬者或许金钱、财富都不缺，然而其灵魂、其精神却日趋贫穷。

吝啬果真能给吝啬者带来愉快吗？不能。其实吝啬者的生活是最不安宁的，他们整天忙着挣钱，最担心的是丢钱，唯恐盗贼将他的金钱全部偷走，唯恐一场大火将其财产全部吞噬掉，唯恐自己的亲人将它全部挥霍掉，因而整天提心吊胆、坐立不安，当然永远不会是愉快的。

我们要打破吝啬的樊篱，走出吝啬的灰暗，寻找生命中那一份与人分享的蓝天。

⊙抓得越紧，流失得越快，吝啬会让你更快地脱离高尚的生活。

# 金钱买不到的

不知从什么时候开始，人们聊天的内容多了许多金钱、地位的字眼。有些人甚至成了拜金主义者、唯利主义者，在他们看来，别的什么都无所谓，钱才是好东西。为了钱，为了私利，有的人可以不择手段，甚至不惜犯法，铤而走险。

殊不知，也有金钱买不到的东西，甚至金钱多了也会是一件很烦恼的事情。

从前有个特别爱财的国王，一天，他跟神说："请教给我点金术，让我伸手所能摸到的都变成金子，我要使我的王宫到处都金碧辉煌。"

神说："好吧。"

于是第二天，国王刚一起床，他伸手摸到的衣服就变成了金子，他高兴得不得了。然后他吃早餐，伸手摸到的牛奶也变成了金子，摸到的面包也变成了金子，他这时觉得有点不舒服了，因为他吃不成早餐，得饿肚子了。他每天上午都要去王宫里的大花园散步，当他走进花园时，看到一朵红玫瑰开放得非常娇艳，情不自禁地上前抚摸了一下，玫瑰立刻也变成了金子，他感到有点遗憾。这一天，他只要一伸手，所触摸的物品全部变成了金子，后来，他

⊙你可以用金钱包装你的身体，却无法用它来包装灵魂——这个世界上，有金钱买不到的东西。

越来越恐惧，吓得不敢伸手了，他已经饿了一天了。到了晚上，他最喜欢的小女儿来拜见他，他拼命地喊着，女儿别过来，可是天真活泼的女儿仍然像往常一样径直跑到父亲身边伸出双臂来拥抱他，结果女儿变成了一尊金像。

这时国王大哭了起来，他再也不想要这个点金术了，他跑到神那里，向神祈求："神哪，请宽恕我吧，我再也不贪恋金子了，请把我心爱的女儿还给我吧！"

神说："那好吧，你去河里把你的手洗干净。"

国王马上到河边拼命地搓洗双手，然后赶快跑去拥抱女儿，女儿又变回了天真活泼的模样。

著名史学家范晔说："天下皆知取之为取，而莫知与之为取。"人世间的事情，总是有了付出才有收获，而得与失之间互为转化的效果，有时也并不是马上就可以见到的，但懂得其中奥妙的人，会掌握取舍的主动权，让它发挥出意想不到的效果。

战国时，齐国的孟尝君是一个以养士出名的相国。由于他待士十分诚恳，感动了一个叫冯谖的落魄人，此人为报答孟尝君的礼遇，而投到他的门下为他效力。

一次，孟尝君叫人为他到其封地薛邑讨债，问谁肯去。冯谖自告奋勇地说自己愿去，但不知将催讨回来的钱买什么东西。孟尝君说，就买点我们家没有的东西吧。冯谖领命而去，到了薛邑后，他见到老百姓的生活十分穷困，听说孟尝君的使者来了，均有怨言。于是，他召集了邑中居民，对大家说："孟尝君知道大家生活困难，这次特意派我来告诉大家，以前的欠债一笔勾销，利息也不用偿还了，孟尝君叫我把债券也带来了，今天当着大家的面，我把它烧毁，从今以后再不催还。"说着，冯谖果真点起一把火，把债券都烧了。薛邑的百姓没料到孟尝君如此仁义，人人感激涕零。

⊙ 金钱只是一种工具。

冯谖回来后，孟尝君问他买了何物，冯谖如实回答，孟尝君大为不悦。冯谖对他说："你不是叫我买家中没有的东西吗？我已经给你买回来了。这就是'义'。焚券市义，这对您收归民心是大有好处的啊！"

数年后，孟尝君被人谮谤，齐相不保，只好回到自己的封地薛邑。薛邑的百姓听说恩公孟尝君回来了，倾城而出，夹道欢迎。孟尝君感动不已，终于体会到了冯谖"市义"的苦心。

总而言之，你如果想要做一个快乐的人，一定要记住：金钱不是万能的，它只是用来达到目的的一种工具罢了。若你只知道赚足自己的钱包而不顾别人死活，甚至为金钱不顾亲情、友情和道义，那将是一种多么枯燥的生活。因为也许你能买到宫殿，买到豪华游轮，但你买不到宫殿里亲人的欢笑，买不到海上的宜人风景，买不到朋友之间畅饮的淋漓。

# 礼轻情意重

慷慨大方不仅能让你制造出有益的潜在机会，还能制造出和谐的家庭气氛、良好的家人关系。

以下是一个真实的故事，讲的是一对夫妻在面临家庭生活压力的时候，凭着慷慨大方，化解了生活中的种种问题，同时也巩固了他们的婚姻。

在北京有一对年轻夫妻，带着一个刚出生不久的孩子，住在一间狭小的公寓里。一天，他们突然接到一个噩耗，丈夫的父亲因心脏病突发过世。夫妻俩只能让无依无靠、身无分文的母亲加入自己的狭小地带。

但这位婆婆比较固执，常常倚老卖老、指指点点，身为儿媳妇的妻子颇为头痛，只得尽量忍耐。于是全家心神不宁，生活度日如年。当然婆媳之间相处得非常紧张，妻子天天向丈夫抱怨，生活有如被他人践踏一般痛苦，婚姻生活也亮起了红灯。妻子经常想一走了之，但是又舍不得心爱的丈夫，最后，她想到要采取一些行动。

她决定让她自己从这个老太太的身边消失。唯一的办法，就是自己找份工作，那么两个人就可以尽量避不见面。婚前，她曾经上过班，现在她决定再找份工作，将家里的清洁卫生以及做饭的任务交给婆婆。另外，她也不愿婆婆带她的孩子，她只能用挣得的工资，请一个保姆来看护她的孩子。几天之后，她找到了在一家百货商店当售货员的工作。于是，公寓交由她婆婆来打理。这样，状况就有所改善了。

一段时间以后她又与丈夫商量，买了一台电脑，装在婆婆的房间里。她的婆婆很快迷上了上网。电脑转移了她的注意力，从此很少发号施令了。同时，她在卧室内上网，也减少了进进出出碰面的机会，避免了不必要的摩擦。这时候，他们夫妻之间的慷慨，也获得了一些心理上的满足。对丈夫而言，他尽了照料母亲的孝心；对夫妻而言，相互尊重，也增进了双方的感情。自从买了

⊙慷慨大方，小钱也能创造快乐；贪婪吝啬，小钱也会禁锢自由。

电脑之后，老人家常常邀请一些邻居朋友们，到她的房间去尝试新科技。突然有一天晚上，她宣布要与一位邻居朋友结婚。那位单身的老先生，收入相当不错，偶尔在下午会到她的房间里上网、聊天。他刚刚丧妻，也要寻找一个老伴。两人谈得十分投机，双方背景都差不多，于是一拍即合。一个礼拜之后，两位老人就完成了婚礼，所有问题迎刃而解。更为重要的是，夫妻俩对待母亲的这种孝顺在邻里传为美谈，恰巧被一家公司老总听说，于是推荐丈夫去公司工作，一家人的日子越过越红火了。

这是一个非常圆满的结局。夫妻两人慷慨的个性，互相体谅，精诚合作地将一个复杂的家庭问题，做了一个非常合理完美的解决。

# 自卑：
## 事事不如别人好

一个自卑的人很难感受到快乐和幸福，自卑感十分"会"折磨人，它是对乐观、开朗的最大抑制。

## 别抓住自己的劣势不放

世上大部分不能走出生存困境的人，都是因为对自己信心不足，他们就像一棵脆弱的小草一样，毫无信心去经历风雨，这就是一种可怕的自卑心理。所谓自卑，就是轻视自己，自己看不起自己。自卑心理严重的人，并不一定是自身具有某些缺陷，而是不能悦纳自己。他们自惭形秽，常把自己放在一个低人一等，不被喜欢，进而演绎成别人也看不起自己的位置，并由此陷入不能自拔的痛苦境地，心灵笼罩着永不消散的愁云。

小王就是这样一个人，她本来是一个活泼开朗的女孩，最后竟然被自卑折磨得一塌糊涂。

　　小王毕业于某著名语言大学，在一家大型的日本企业上班。大学期间的小王是一个十分自信、从容的女孩。她的学习成绩在班级里名列前茅，是男孩追逐的焦点。后来，她变了，原先活泼可爱、整天嘻嘻哈哈的她，像换了一个人似的，不但变得羞羞答答，甚至其行为也变得畏首畏尾，

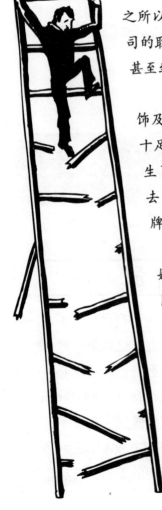

　　而且说起话来、干起事情来都显得特别不自信，和大学时判若两人。每天上班前，她会为了穿衣打扮花上整整两个小时的时间。为此她不惜早起，少睡两个小时。她之所以这么做，是怕自己打扮不好，而遭到同事或上司的取笑。在工作中，她更是战战兢兢、小心翼翼，甚至到了谨小慎微的地步。

　　原来小王到日本公司后，小王发现日本人的服饰及举止显得十分高贵及严肃，让她觉得自己土气十足，上不了台面。于是她对自己的服装及饰物产生了深深的厌恶。第二天，她就跑到服饰精品商场去了，可是，由于还没有发工资，她买不起那些名牌服装，只能悻悻地回来了。

　　在公司的第一个月，小王是低着头度过的。她不敢抬头看别人穿的正宗名牌西服、名牌裙子，因为只要一看，她就会觉得自己穷酸。那些日本女人或早于她进入这家公司的中国女人，大多穿着一流的品牌服饰，而自己呢，竟然还是一副穷学生样。每当这样比较时，她便感到无地自容，她觉得自己就是混入天鹅群的丑小鸭，心里充满了自卑。

⊙自卑之人爬得再高都注定会失败，因为没有牢固的心理基础。

　　服饰还是小事，令小王更觉得抬不起头来的，是她的同事们平时用的香水都是洋货。她们所到之处，都会清香飘逸，而小王自己用的却是一种廉价的香水。

　　女人与女人之间，聊起来无非是生活上的琐碎小事，主要的当然是衣服、化妆品、首饰，等等。而关于这些，小王几乎什么话题都没有。这样，她在同事们中间就显得十分孤立，也十分羞惭。

　　在工作中，小王也觉得很不如意。由于刚踏入工作岗位，工作效率不是很高，不能及时完成上司交给的任务，有时难免受到批评，这让小王更加拘束和不安，甚至怀疑自己的能力。

　　此外，小王刚进公司的时候，她还要负责做清洁工作。看着同事们悠然自得地享用着她打的开水，她就觉得自己与清洁工无异，这更加深了她的自卑感……

　　像小王这样的自卑者，总是一味轻视自己，总感到自己这也不行，那也不行，什么也比不上别人。怕正面接触别人的优点，回避自己的弱项，这种情绪一旦占据心头，结果是对什么都提不起精神，犹豫、忧郁、烦恼、焦虑便纷至沓来。倘若遇到一点困难或者挫折，便长吁短叹，消沉绝望，那些光明、美丽的希望可能真的会与自己断绝关系了。这与现代人应该具备的自信气质和宽广胸怀是格格不入的，必须引起人们的警觉和注意。

　　每一种事物、每一个人都有其优势，都有其存在的价值。一个人如果陷入了自卑的泥潭，他能找到一万个理由说自己为何不如别人。比如：我个子矮、我长得黑、我眼睛小、我不苗条、我嘴大、我有口音、我汗毛太多、我父母没地位、我学历太低、我职务不高、我受过处分、

失败

自卑

焦虑

分散注意力

我有病，乃至我不会吃西餐等等。由于自卑而焦虑，于是注意力分散了，从而破坏了自己的成功，导致失败，这就是自卑者自己制造的恶性循环。一个人如果陷入了自卑，在人际交往中除了封闭自己以外，就有可能会事事恭维别人。

一个人如果自卑，他不仅不敢有远大的目标，同时他将永远不会出类拔萃；一个民族和国家如果自卑，那就只能当别国的殖民地，站不起来，也不敢站起来，只能跟在别国后边当附庸。

自卑是麻痹药，自卑是落后剂，自卑是自杀的剧毒品！

# 只看你有的，不看你所没有的

她站在台上，偶尔不规律地挥舞着她的双手；她仰着头，脖子伸得好长好长，与她尖尖的下巴扯成一条直线；她的嘴张着，眼睛眯成一条线，诡谲地看着台下的学生；偶然她口中也会咿咿唔唔的，不知在说些什么。她是一个基本上不会说话的人，但是她的听力很好，只要对方猜中或说出她的意见，她就会乐得大叫一声，伸出右手，用两个指头指着你，或者拍着手，歪歪斜斜地向你走来，送给你一张用她的画制作的明信片。

她就是黄美廉，一位自小就患脑瘫的病人。脑瘫夺去了她肢体的平衡感，也夺走了她发声讲话的能力。从小她就活在诸多肢体不便及众多异样的眼光中，她的成长充满了血泪。然而她没有让这些外在的痛苦击败她内在奋斗的精神，她昂然面对，迎向一切的不可能，终于获得了加州大学艺术博士学位。她把她的手当画笔，以色彩告诉人们"寰宇之力与美"，并且灿烂地"活出生命的色彩"。全场的学生都被她不能控制自如的肢体动作震慑住了，这是一场倾倒生命、与生命相遇的演讲会。

"请问黄博士，"一个学生小声地问，"你从小就长成这个样子，你怎么看你自己？你没有怨恨过吗？"大家的心一紧，这孩子真是太不懂事了，怎么可以在大庭广众之下问这个问题，太伤人了，大家很担心

| 如何克服自卑 | |
|---|---|
| 正确全面地评价自己 | 每个人都有自己的弱点和长处，在正确认识和评价的基础上弥补缺点、发挥优势，不但能克服自卑情绪，还能有效预防非理性的自大心理。 |
| 正确表现自己 | 不符合自己能力和身份的欠恰当表现，是造成自卑的一个重要原因。正确的表现，则能避免丢丑招致的嘲笑。 |
| 建立强有力的自信心 | 低估自己的能力和水平，会使自己遇事即退缩。拥有了自信，自卑自然远离。 |
| 学会扬长避短 | 倘若总是拿自己的弱项去跟人家比，显然只能导致失败，从而为自卑的产生提供了条件，这是应当尽量避免的。 |
| 用脚踏实地的行动来驱赶自卑 | 用行动来改变一切、证明一切，这是彻底征服自卑的最快和最有效的途径。 |

黄美廉会受不了。

"我怎么看自己？"美廉用粉笔在黑板上重重地写下这几个字。她写字时用力极猛，有力透纸背的气势。写完这个问题，她停下笔来，回头看着发问的同学嫣然一笑，回过头来，在黑板上龙飞凤舞地写了起来。

1. 我好可爱！
2. 我的腿很长很美！
3. 爸爸妈妈这么爱我！
4. 上帝这么爱我！
5. 我会画画！我会写稿！
6. 我有只可爱的猫！
……

忽然，教室内鸦雀无声，没有人讲话。她回过头来看着大家，再回过头去，在黑板上写下了她的结论："我只看我所有的，不看我所没有的。"

掌声在学生群中响起，看看美廉倾斜着身子站在台上，满足的笑容从她的嘴角荡漾开来，她的眼睛眯得更小了，有一种永远也不被击败的傲然写在她的脸上。

大家不觉两眼湿润起来，看着美廉写在黑板上的结论："我只看我所有的，不看我所没有的。"这句话将永远鲜活地印在每个人的心上。

我们生活在一个美丽的童话王国里，可是我们却看不见生活的美丽，怨天尤人，时常感到失落。要想得到快乐，请记住这条规则："只看我所有的，不看我所没有的。"

# 自卑给失败创造机会

古希腊人曾把"认识你自己"看作是人类的最高智慧；在雅典的阿波罗神殿的大门上也有着同样的一句箴言："认识你自己！"这应该不是偶然的巧合。现实中的人们，对于自己各方面的认识，总是存在着一定的差异。有些人容易看到自己的优点和长处，却看不到自身所存在的问题；有些人则习惯发现自己的弱点和不足，却从来看不到自己的一点儿长处。这两种人比较起来，前者容易导致自大，后者则容易导致自卑。这两者都不是正确的认识。

但现实环境可能更是产生自卑的温床，比如无所不在的竞争，它所产生的巨大压力，足以使每一个身在其中的人的神经受到严重考验。如果没有好的外来心理援助和自我调节能力，就很容易在落败的境地里陷入自卑的泥潭。

另外，一些常常被我们忽略的因素，比如人在成长过程中，肉体和精神上所受到的有意或无意的伤害；一些导向不正确的理论和舆论的影响；因某些非故意错失而受到的不公正的责难；来自外力的强势操控，使人身心皆受挤压；没有太多的自由度和发展空间，因此也就使人无力构建自己强有力的自信心；先天有性格缺陷，如内向羞怯、胆小懦弱等，但没有得到正确的引导和治疗，任其发展下去，也极易导致自卑。

⊙ 一味自卑，你就会忽视生活的阳光。

当自卑感在一个人的内心产生之后，它往往会使人产生一些很不好的消极行为表现，如不愿与人沟通、缺乏团队精神的孤僻行为；害怕竞争、逆来顺受的屈从行为；暴躁易怒、缺乏友善的粗鲁行为；回避现实、自感消沉的逃避行为，等等。所有这些结果，对"内"，只能是徒然的自我伤害和折磨；对"外"，则会让人感到你的懦弱、无能甚至卑贱。

因此，自卑的存在，无论是对于人们的生活还是事业，都是有百害而无一利的。著名的文化学者邹韬奋在《自觉与自贱》一文中这样说道："若自觉有所短而存在着自贱心理，便是自己甘居卑劣的地位，所得的结果只能是颓废。"这就很明确地指出了自卑的危害性。而实践也证明，在那些能够取得巨大成就的人身上，我们是丝毫看不到自卑的影子的。

拿破仑曾说过这样一句话："默认自己无能，无疑是在给失败创造机会。"从这个意义上来讲，防止自卑在自己身上出现，以及有效地消除已经存在的自卑心理，是每个人都应当用心用力去做的。

# 喊出自信

德国精神学专家林德曼以生命为代价，进行了自信对于生命的重要性的实验。1900年7月，林德曼独自驾着一叶小舟驶进了波涛汹涌的大西洋。他在进行一项历史上从未有过的心理学实验，预备付出的代价是自己的生命。林德曼认为，一个人要对自己抱有信心，就能保持精神和肌体的健康。当时，德国举国上下都关注着独身横渡大西洋的悲壮冒险，已有一些勇士相继驾舟渡洋，均遭失败，无人生还。林德曼推断，这些遇难者首先不是从肉体上败下来的，而主要是死于精神崩溃、恐慌与绝望。为了验证自己的观点，他不顾亲友的反对，亲自进行了实验。在航行中，林德曼遇到了难以想象的困难，多次濒临死亡，他眼前甚至出现了幻觉，运动感觉也处于麻痹状态，有时真有绝望之感。但是只要这个念头一出现，他马上就大声自责：懦夫！你想重蹈覆辙、葬身此地吗？不，我一定能成功！终于，他胜利渡过了大西洋。

只有敢想、敢干、敢于面对现实而不怕挫折的人，才能事业有成，才是真正的强者。司马迁继承父志当太史令，不料正在他着手编写《史记》时，祸从天降，由于"李陵之祸"的株连，被迫辍笔。但他矢志不渝，忍辱负重，身受腐刑，幽而发愤，经过十多年的艰苦奋斗，终于写成鸿篇巨制——《史记》。

一所专门培养企业领导人的培训班，其中有一项很特别的课程，就是每天出操、上课时，学员都要大声地连续呼喊："我能行！我能行！"呼喊声响彻教室，响彻操场。

这个培训班的创办人认为：一个成功的人，一定要有"我能行"这样一种强烈的成功意识和自信心。

著名的意大利男高音歌唱家卡鲁索有一次在歌剧院的厢房等着上场演唱时，突然旁若无

⊙ 用自信树立强大的自我形象，是顺利叩开成功之门的前提。

人地大声叫嚷起来："别挡住我的路！走开！走开！"身边的工作人员听了，都手足无措，不知发生了什么事情，因为当时并没有任何人挡住他的路。

这位大歌唱家后来解释说："我觉得我内心里有个大我，他要我唱，而且知道我能唱好。但另外还有一个小我，他觉得胆怯，而且说我不能唱好。我只得命令那个小我离开我。"

他所说的"大我"和"小我"，其实就是内心深处的两个互相对立的心态：自信与自卑。

把自己的自信大声呼喊出来，像卡鲁索一样，自信地走向前，把"小我"驱逐出去，用力叩响你想进的门。

## 拥有自信，就成功了一半

一位哲人说得好："谁拥有了自信，谁就成功了一半。"高尔基也指出："只有满怀自信的人，才能在任何地方都把自信沉浸在生活中，并实现自己的理想。"古往今来，成功人士虽然从事不同的职业，具有不同的经历，但有一点是共同的：他们对自己都充满信心，由此激励他们自爱、自强、自主、自立。有了自信，就有了成功的希望。

居里夫人当初穿着沾满灰尘和油污的工作服，从堆积如山的含铀沥青中寻觅镭的踪迹。当时条件非常艰苦，但她却信心百倍，毫不动摇，最后终于成功了。而当人们对她的成功刨根究底时，她却嫣然一笑，说了6个字："我自信，我成功。"

1952年，世界著名的游泳好手弗洛伦丝·查德威克从卡德林那岛游向加利福尼亚海滩。当她游近加利福尼亚海岸时，嘴唇已冻得发紫，全身一阵阵地打寒战。这时，她已经在海水里泡了16个小时。而远方是雾霭茫茫，她甚至难以辨认伴随着她的小艇。查德威克感到难以坚持，她向小艇上的朋友请求："把我拖上来吧。"艇上的人们劝她不要向失败

| 将消极自卑的想法转化成积极自信的内容 | |
|---|---|
| 消极的 | 积极的 |
| 算了吧，我根本不能完成。 | 试一试，也许我就能成功。 |
| 都是上周的事了，我早就不记得了。 | 也许有办法让我记住上周做过的事。 |
| 总算做对了一次。 | 太棒了，继续下去一定会成功。 |
| 我表现得很差劲。 | 我表现得还不错。 |
| 我总是令一部分人失望。 | 虽然不够好，但还是有人满意。 |
| 这次的错误少了些。 | 这次表现得好多了。 |

低头，要她再坚持一下。"只有一英里远了。"他们告诉她。但是浓雾使她难以看到海岸，她以为别人在骗她。"把我拖上来。"她再三请求着。于是，冷得发抖、浑身湿淋淋的查德威克被拉上了小艇。

后来，她告诉记者说，如果当时她能看到陆地，她就一定能坚持游到终点。大雾阻止了她去夺取最后的胜利。这件事过后，她认识到，事实上，妨碍她成功的不是大雾，而是她内心的疑惑。是她自己迷惑了，先对自己失去了信心，然后才被大雾给俘虏了。

于是，两个月后，查德威克又一次尝试着游向加利福尼亚海岸。浓雾还是笼罩在她的周围，海水冰凉刺骨，她同样望不见陆地。但这次她坚持着，不断重复地告诉自己：陆地一定就在不远的前方！她奋力向前游，因为陆地在她的心中。

查德威克明白了信念的重要性，她不仅确立了目标，对目标充满信心，而且懂得在疲惫、困惑的时候更需要不停地强化、重复这种信心，才能不被自己的怀疑所吞噬。查德威克终于游到了对岸。信念就是一支火把，它能最大限度地燃烧一个人的潜能，指引他飞向梦想的天际。我们要树立远大的理想，要具有坚定的信念，要让自己的理想和信念飞翔起来！

# 依赖：

## 永远抛不开拐杖

许多人都陷入这样一个谬论中，就是以为自己永远会从别人不断的帮助中获益，却不知一味地依赖他人只会导致懦弱。如果一个人依靠他人，将永远也坚强不起来，永远也不会有独创力。要么独立自主，要么只能埋葬雄心壮志，一辈子老老实实做个普通人。

## 让别人替你健身，无法增强你的肌肉

对于成大事者而言，拒绝依赖他人是对自己能力的一大考验。这就是说，依附于别人是肯定不行的，因为这是把命运交给别人，而失去做大事的主动权。

有些人遇到什么事、什么人，首先想到的是别人怎么看、怎么想，做什么事都追随别人、求助别人，这就是对别人的依赖。别人说什么就是什么，别人做了以后自己才敢去做，凡事不相信自己，不能自作主张，不能自己决断，这也是对别人的依赖。这样的人，在家中依赖父母、兄弟、爱人，在外面依赖上司、同事，一天不依赖，他就一天也做不了事。要是没有人在他的身边，他会不知所措，变得紧张、慌乱、失去方向。这样的人，是人格没有成熟、没有健全的人，是身体懒惰和心理懒惰的人。

人们经常持有的一个最大谬论，就是以为自己永远会从别人不断的帮助中获益，却不知一味地依赖他人只会导致懦弱。如果一个人依靠他人，将永远也坚强不起来，永远也不会有独创力。要么独立自主，要么只能埋葬雄心壮志，一辈子老老实实做个普通人。

让别人替我们锻炼，是永远无法增强我们自己的肌肉力量的；给孩子们创造一个优越的环境，好让他们不必艰苦奋斗，也永远无法让他们独立自主，成为一个真正的成功者。

依赖他人，觉得总会有人为自己做任何事，所以不必努力，这种想法对发挥自助自立和艰苦奋斗精神是致命的障碍！

有些人是在等着从父亲、富有的叔叔或是某个远亲那里弄到钱。有些人是在等那个被称为"运气"、"发迹"的神秘东西来帮他们一把。

## 依赖的危害

没有主见，缺乏自信。

总觉得自己能力不足，甘愿置身于从属地位。

处事优柔寡断，遇事希望别人为自己做决定。

一旦所依赖的即将失去或有可能失去的时候，立即就会陷入一种极度的不安之中。

对正常的生活、工作都感到很吃力。

内心缺乏安全感，时常感到恐惧、担心。

严重者还可能引发抑郁或者焦虑等严重的心理问题，影响身心健康。

从来没有某个等候帮助，等着别人拉一把，等着别人的钱财或是等着运气降临的人能够真正成就大事。只有自强、自立、自尊的人才能打开成功之门。

一家大公司的老板说，他准备让自己的儿子先到另一家企业里工作，让他在那里锻炼锻炼，吃吃苦头。他不想让儿子一开始就和自己在一起，因为他担心儿子会总是依赖他，指望他的帮助。在父亲的溺爱和庇护下，想什么时候来就什么时候来、想什么时候走就什么时候走的孩子很少会有出息。只有自立精神才能给人以力量与自信，只有依靠自己才能培养成就感和做事能力。

美国石油家族的老洛克菲勒，有一次带他的小孙子爬梯子玩。当小孙子爬到不高不矮的高度（不至于摔伤的高度）时，他原本扶着孙子的双手立即松开了，于是小孙子就滚了下来。这不是洛克菲勒的失手，更不是他在搞恶作剧，而是要让小孙子的幼小心灵感受到：做什么事都要靠自己，就是连亲爷爷的帮助有时也是靠不住的。

人，要靠自己活着，而且必须靠自己活着。在人生的不同阶段，尽力达到理应达到的自立水平，拥有与之相适应的自立精神。这是当代人立足社会的根本基础，也是形成自身"生存支援系统"的基石。因为缺乏独立自主个性和自立能力的人，连自己都管不了，还能谈发展与成功吗？即使你的家庭环境所提供的"先赋地位"是处于天堂云乡，你也必须先降到凡尘大地，从头开始，以平生之力练就自立自行的能力。因为不管怎样，你终将独自步入社会，参与竞争，你会遭遇到远比家庭生活要复杂得多的生存环境，随时都可能出现你无法预料的难题与处境。你不可能随时动用你的"生存支援系统"，而必须靠顽强的自立精神克服困难，坚持前进！

有这样一个青年，出来闯世界，在别人眼中，他似乎是很独立、很有主见的人，可实际上，他之所以出来，是因为别人叫他出来。出来之后，当然得找工作，可他根本不会自己去找，而总希望由别人带着去。别人带着去当然可以，可是别人总不能一直带着他，一旦没有人管他，他就会不知所措，一筹莫展。

后来他总算找到了工作，是给一个摆服装摊的老板做跟班。带他出来的人很奇怪，怎么做起了人家的跟班，不是有很多合适的工作可以挑选吗？他说，什么工作都得他去动脑筋，他去主动地做，他最怕这个。他宁愿做人家的跟班，人家叫他做什么，他就做什么。

试想，要是那个摆服装摊的老板不要他了呢？他肯定会找到另一个可以追随的人。今天他是服装摊老板的随从，明天他可能是某个老板的秘书；今天他可能是人家的秘书，明天他可能是人家的佣人。

⊙过于依赖别人就会失去自我，成为别人的附属。

有着这样的依赖心理，他怎么能够独立成事呢？他怎么能够成为一个事业成功的人呢？说到底，他出来闯荡世界，又有什么意义呢？

他出来闯荡世界之前，是想跟着别人的。他以为别人成功了，他这个跟在后面的人，也会跟着成功。这个青年，一直带着依赖心理闯荡，结果呢？可想而知，他不可能混出什么名堂来。

对于依赖心理如此严重的人，我们要奉劝他们一句：及早掉头，要相信自己，要自力更生。只有这样，才能找到自己的人生坐标。

## 依赖是内心缺乏安全感

感情依赖是内因和外因共同作用的结果。内因包括人的性格、心理状态、情绪状态以及思想认识等；外因包括所有的外部因素，如社会、工作单位等。在一个陌生的环境中很容易出现感情依赖。由于自身的无助，更需要外界的支持，如果这时候有一个人出现，对自己关怀照顾，就很容易进入到心灵，产生强烈的依赖感。女孩子的感情依赖更为明显，不少人甚至认为这就是爱。

有一位女性，半年来她一直很烦恼，因为她发现自己喜欢上了公司的一个领导。可能因为经常在一起打球吃饭，在较为频繁的接触中，那位男士对她也有好感，可是他已经结婚了。她是个很传统的人，一次次告诫自己放弃，可是她却办不到。她尽量控制自己不与他见面，可是见到他却又很开心。这种烦乱的情绪直接影响到她的工作和考试，她越来越不明白自己究竟应该怎么办才对……

这种现象称为"感情依赖"，感情依赖是正常的，人都会有不同程度的感情依赖。人往往忍受不了朋友的背叛，难以承受恋人的离去，就是因为他需要情感上的满足。

爱情在很大程度上也是一种感情依赖。爱情除了感情依赖之外，还要考虑到双方是否适合，是否存在维护长期感情的基础，是否能够对双方负责。

感情依赖很多时候很容易迷惑人，特别是异性之间。很多人将情感依赖误认为爱情。如果仅仅是在这个层面上寻找爱情、感受爱情，就很容易迷失，不知道真爱，只有将情感体验深化，才能够丰富人生。

可以分析一下，她对他的感情来自哪里？首先，她在和他待在一起的时候，会觉得特别自在，也喜欢和他在一起，但这并不意味着更深的感情。很多时候，这种喜欢是文化、个性和行为方式的综合。他和她在一起，接触多，并且体贴、照顾她，也都出自这种喜欢。这样的吸引力对于双方都存在。由于他对她的帮助，也许更多是精神的、心灵的帮助，她渐渐对他产生了感情依赖，和他在一起就感觉很好，离开他会若有所失，这是产生了感情，但是仍然不是爱情。他们没有理由也没有机会相爱。他已经结婚，如果他对家庭负责，她就不会有发展空间，如果他对

⊙ 内心空虚，缺乏安全感的人更容易产生依赖感。

家庭不负责，怎么保证她不是第二个受害者？适合不适合从来都是借口，人都在变化的过程中，负责的做法就是在做出选择以后"弱水三千，只取一瓢饮"，不负责的做法才是见异思迁，甚至玩弄感情。

人在脆弱的时候容易产生感情依赖，比如生活中遇到重大变故，或者感情出现危机的时候，是最容易导致感情依赖的。雪中送炭是最有效的强化友情的方式，特别是精神上的雪中送炭。内向的人也倾向于更多的感情依赖。他们的社交圈子小，对朋友就特别重视，特别是谈得来的异性知心朋友，难以放开，其实只要圈子扩大，就会发现这样的朋友并不少。感情依赖不难产生，而且在一定的条件下也会激化。

感情依赖对于人的社会生存是有帮助的。无情无义无欲的人，才可能与感情依赖绝缘。但是，我们必须认真面对感情依赖，强化自身的优势，培养自信和广泛的兴趣，培养内心的强势，化解它可能带来的危害和风险。

## 用大脑指挥自己

美国总统约翰·肯尼迪的父亲从小就注意对儿子独立性格和精神状态的培养。有一次他赶着马车带儿子出去游玩。在一个拐弯处，因为马车速度很快，猛地把小肯尼迪甩了出去。当马车停住时，儿子以为父亲会下来把他扶起来，但父亲却坐在车上，悠闲地吸起了烟。

儿子叫道："爸爸，快来扶我。"

"你摔疼了吗？"

"是的，我自己感觉已站不起来了。"儿子带着哭腔说。

"那也要坚持站起来，重新爬上马车。"

儿子挣扎着自己站了起来，摇摇晃晃地走近马车，艰难地爬了上来。

父亲摇动着鞭子问："你知道为什么让你这么做吗？"

儿子摇了摇头。

父亲接着说："人生就是这样，跌倒、爬起来、奔跑，再跌倒、再爬起来、再奔跑。在任何时候都要全靠自己，没人会去扶你的。"

从那时起，父亲就更加注重对儿子的培养，经常带着他参加一些大型的社交活动，教他如何向客人打招呼、道别，与不同身份的客人应该怎样交谈，如何展示自己的精神风貌、气质和风度，如何坚定自己的信仰，等等。有人问他："你每天要做的事情那么多，怎么有耐心教孩子做这些鸡毛蒜皮的小事？"

谁料约翰·肯尼迪的父亲一语惊人："我是在训练他做总统。"

生活中最大的危险，就是依赖他人来保障自己。依赖的魔鬼总在你准备赤膊努力一番时引诱你。它会对你说："不用了，你根本不需要。看看，这么多的金钱，这么多好玩、好吃的东西，你享受都来不及呢……"这些足以抹杀一个人前进的雄心和勇气，阻止一个人利用自身的资本去换取成功的快乐，让你日复一日原地踏步，停滞不前，以至于你到了垂暮之年时，终日为一生无为而悔恨不已。

而且，这种错误的心理，还会剥夺一个人本身具有的独立权利，使其依赖成性，靠拐杖而不是靠自己

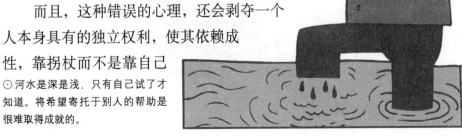

⊙河水是深是浅，只有自己试了才知道。将希望寄托于别人的帮助是很难取得成就的。

73

一个人走。有依赖，就不会想独立，其结果是给自己的未来挖下失败的陷阱。

为了训练小狮子的自强自立，母狮子故意将它推到深谷，使其在困境中挣扎求生。在残酷的现实面前，小狮子挣扎着一步一步从深谷之中走了出来。它体会到了"不依靠别人，只能凭借自己的力量前进"，它逐渐成熟了。

雨果曾经写道："我宁愿靠自己的力量打开我的前途，而不愿求有力者的垂青。"只要一个人是活着的，他的前途就永远取决于自己，成功与失败，都只系于自己身上。而依赖作为对生命的一种束缚，是一种寄生状态。英国历史学家弗劳德说："一棵树如果要结出果实，必须先在土壤里扎下根。同样，一个人首先需要学会依靠自己、尊重自己，不接受他人的施舍，不等待命运的馈赠。只有在这样的基础上，才可能做出成绩。"将希望寄托于他人的帮助，便会形成惰性，失去独立思考和行动的能力；将希望寄托于某种强大的外力上，意志力就会被无情地吞噬掉。

真实人生的风风雨雨，只有靠自己去体会、去感受，任何人都不能为你提供永远的荫庇。你应该掌握前进的方向，把握住目标，让目标似灯塔般在高远处闪光；你应该独立思考，有自己的主见，懂得自己解决问题。你不应相信有什么救世主，不该信奉什么神仙或上帝，你的品格、你的作为，你所有的一切都是你自己行为的产物，并不能靠其他东西来改变。

# 虚荣：

## 为面子，哪怕债台高筑

虚荣促使人们装扮得完全不同于本来的面目，以希望得到别人的赞许或认可。

## 何谓打肿脸充胖子

关于"虚荣"，《辞海》有云：表面上的荣耀、虚假的荣誉。心理学认为，虚荣心是自尊心的过分表现，是为了取得荣誉和引起普遍注意而表现出来的一种不正常的社会情感。虚荣心是一种常见的心态，因为虚荣与自尊有关。人人都有自尊心，当自尊心受到损害，或过分自尊时，就可能产生虚荣心。

虚荣心是一种递增发展的事物，好像一只被吹起来的气球一样，总是希望越吹越大。生命的虚荣心是无限的，俗话说做了皇帝还想成仙，满足了一个愿望，随之又产生了两三个愿望。满足了这个细小的愿望，很快又新生了那些庞大的愿望。由此可见，虚荣心具有一种强烈的渴求力量。求而得之，则满足快乐；求而不得，便苦恼愁闷，便寻求新的获得途径。

虚荣心不同于功名心。功名心是一种竞争意识与行为，是通过扎实的工作与劳动取得功名的心向，是现代社会提倡的健康的意识与行为。而虚荣心则是通过炫耀、显示、卖弄等不正当的手段来获取荣誉与地位。虚荣心很强的人往往是华而不实的浮躁之人。这种人在物质上讲排场、搞攀比；在社交上好出风头；在人格上很自负、嫉妒心重；在学习上不刻苦。

虚荣心最大的后遗症之一是使一个人失去免于恐惧、免于匮乏的自由。因为害怕羞辱，所以时时活在恐惧中，经常没有安全感。虚荣心强的人，与其说是为了脱颖而出、鹤立鸡群，不如说是自以为出类拔萃，所以不惜玩弄欺骗、诡诈的手段，使虚荣心得到最大的满足。

从近处看，虚荣仿佛是一种聪明；从长远看，虚荣实际上是一种愚蠢。虚荣者常有小狡黠，却缺乏大智慧。虚荣的人不一定少机敏，却一定缺远见。虚荣的女人是金钱的俘虏，虚荣的男人是权力的俘虏。太强的虚荣心，使男人变得虚伪，使女人变得堕落。

虚荣的心理与戏剧化人格倾向有关。爱虚荣的人多半为外向型、冲动型、反复善变、做作，具有浓厚、强烈的情感反应，装腔作势、缺乏真实的情感，待人处世突出自我、浮躁不安。虚荣心的背后掩盖着的是自卑与心虚等深层心理缺陷。具有虚荣心理的人，多存在

⊙虚荣的人最看中的就是面子。

自卑与心虚等深层心理的缺陷，虚荣只是一种补偿作用，竭力追慕浮华以掩饰心理上的缺陷。

| 虚荣心产生的心理原因 |
| --- |
| 虚荣心产生于自尊，是过分自尊的表现。 |
| 虚荣心与自私心理大有关系。 |
| 虚荣心与缺乏自信大有关系。 |

几十年前，林语堂先生在《吾国吾民》中谈到，统治中国人的三女神是"面子、命运和恩典"。"讲面子"是中国社会普遍存在的一种民族心理，面子观念的驱动，反映了中国人尊重与自尊的情感和需要，丢面子就意味着否定自己的才能，这是万万不能接受的，于是有些人为了不丢面子，就通过"打肿脸充胖子"的方式来显示自我。

林语堂先生的"打肿脸充胖子"和叔本华的哲学大有相似之处，叔本华说："虚荣的人被智者所轻视，愚者所倾服，阿谀者所崇拜，而为自己的虚荣所奴役。"他还说："虚荣心使人多嘴多舌；自尊心使人沉默。"

由此可见，无数名人早已经为我们敲响了警钟，让我们知道了虚荣心要不得，"打肿脸充胖子"更是要不得。

## 虚荣之害

虚荣是人性中一个很大的缺陷，也是一种葬送人生的缺点，它会使人为了表面光鲜，挖空心思地让自己"好看"。

从前，有一只老鼠生下了一个漂亮的女儿，老鼠总想把女儿嫁给一个有权势的人。它看到太阳很非凡，就巴结太阳说："太阳啊！你多么伟大、能干，万物没有你简直就无法生存，你娶我的漂亮女儿做妻子吧！"太阳客气地回答："我不行，因为乌云能遮住我，把你的女儿嫁给乌云吧。"

老鼠又去找乌云，老鼠对它说："你娶了我的女儿吧，你有这样神通广大的本领，我真敬慕你。"乌云说："不行，我没什么本领，我比不上风，风一吹，我就被吹跑了。"老鼠一听，原来风比乌云更有本领，就找到风，对它说："风啊！我可找到你了，听说你很有本领、有权威，我愿将我美丽的女儿嫁给你。"风一听这无头无尾的话，紧锁双眉说："谁稀罕你的女儿，你去找墙吧，他比我行！"老鼠一听，又决定去找墙。墙偷偷地说："我倒是怕你们这些老鼠，你们一打洞，我可就危险了。我不配做你的女婿。"老鼠一想：墙怕老鼠，老鼠又怕谁呢？它忽然想起了祖宗的古训，老鼠生来是怕猫的。它就赶紧去找猫，点头哈腰地说："猫大哥，我总算找到你了，你聪明、能干，有本事、有权威，做我的女婿吧！"猫一听，倒是爽快地答应了："太好了，就把你女儿嫁给我吧！最好今晚就成亲。"老鼠一听，猫大哥真不愧是有魄力、有作为的男子汉，这下总算给女儿找到如意郎君了。于是喜滋滋地跑回家去，大声对女儿说道："我终于给你找到好靠山了，猫大哥最显赫、最有权势，你能享一辈子福了！"当晚就把女儿打扮起来，请来了一群老鼠仪仗队，打着灯笼、凉伞、旗子，敲着锣鼓，一路上吹吹打打，把女儿用花轿送到了新郎的住地。猫一看，老鼠新娘来了，等轿子刚进门，还未等新娘下轿就扑了上去，一口将可爱的新娘吞进肚里去了。

事实上，生活中许多人因追求华而不实的东西而变得虚荣，也因此为日后埋下了隐患和祸根。我们的社会似乎不太谴责虚荣，仿佛人人爱慕虚荣，无须谴责，事实上，许多悲剧和社会问题皆源于此。

现在的年轻人追求漂亮外表的居多，但这是"爱美之心，人皆有之"，无可厚非。然而，当前却流行一种"整容"的时尚。鼻子塌可以变得挺直，眼睛小可以整成大眼睛，脸庞方的可以整成小圆脸。

据说有一位女青年为了见面时让男友大吃一惊，便跑到整容院做了腮红。可是，她原本想要的是"白里透红，与众不同"的效果，谁知手术做完后，她发现这些腮红的面积很大，跟羞红了脸没多少区别，想去除却已不可能了。于是，她就把这家美容院告上法庭，整天忙着考虑用何种证据压倒对方，男友也不想见了。试问，这难道不是虚荣造成的悲剧吗？

更可悲的是，一些无知的孩子十分注重衣服、首饰以及哥们儿间的吃喝玩乐，但家里又不给钱任其挥霍。于是他们便开始了小偷小摸，偷父母的、同学的、老师的，有的甚至走上抢劫的邪恶之路。

⊙与虚荣同行无异于与魔鬼共舞。

我们之所以在此讨论这个话题，乃是因为虚荣心一旦形成后，它所结合的诸多不良的心态、习惯和行为，会让人们只看到眼前的微小好处，而离成功越来越远。

当你虚荣时，你会变得自负，会错误地以为自己的能力很强。可是你应该明白，你比你装扮的要低劣、差劲得多。你私下常常窘迫不已，但你还是拼命想出尽风头，当然最终将什么也得不到。一旦真相大白，你只能无地自容，厌恶自己，失去信心，放弃使自己变得更有价值的机会。到头来，虚荣带给你的只是失败。

你应该了解：你是在玩一种令人沮丧的游戏，进行一场注定要失败的竞争，你将变成一个固执己见的小小独裁者，你将处处碰壁，神经紧张，夜不成寝。

戒除虚荣心是有方法可循的，只要你平心静气地观察一下自己，不要贪婪地盯着成功，先成为自己的良友，然后成为别人的良友。对任何人都坦诚相待，这样，你便于无形之中远离了虚荣。

# 虚荣与愚蠢等高

从心理学角度来讲，虚荣虽然是发源于自尊心，但它已经被严重地扭曲，完全变了味道，与所谓的"自尊"已不再有实质性的联系。比如，一些人为了虚荣，总要摆出一副见多识广的架势，即使他们对某一门知识或某一件事情茫然无知；为了虚荣，总要讲排场，竭尽奢侈铺张之能事，尽管自己的家境贫寒、生活窘迫；甚至为了虚荣，还常常丧失理智，不顾后果。古希腊一位名叫赫洛斯特拉特的牧人，为了扬名四方，竟然放火烧毁了建筑学上非常有名的古迹——埃及司阿泰密斯神庙。这就是虚荣与自尊的最大区别。

乍一看来，虚荣无非就是对某种虚幻的东西的过分希冀和追求，虽然有时会用上撒谎、投机等不正当的手段，也好像是无伤大雅的事，所以，有人说有虚荣心也是无可厚非的事情。其实不然，贪慕虚荣的人，绝不仅仅是为了满足荣誉上的需求，而是通过争名而夺利，是对某种既得利益或预期利益的强烈占有欲和攫取欲，虚荣的本质就在于此。虚荣的危害性之大之深，是难以估量的。因为它不仅能驱使人去不计后果地做一些不明智乃至违法之事，而且对于人的心灵腐蚀也

⊙ 虚荣是强大的力量，不可低估，它甚至能催生出一个完全不同于主体的人，并左右主体的思想。

是十分严重的。而这种看不见的危害，其影响可能是更为深远的。所以，法国著名的哲学家柏格森在他的《笑》中曾指出："虚荣心很难说是一种恶行，然而一切恶行都围绕虚荣心而生，都不过是满足虚荣心的手段。"这也是虚荣的最可怕之处。

这话说得颇有道理。事实上，虚荣心是有百害而无一利的，它只能给人们戴上一副色彩斑斓同时却又异常沉重的枷锁，使人生的步伐走得

## 如何克服虚荣

正确认识虚荣的实质和它的危害性。不要企望彻底消灭它，而是想方设法远离它，摆脱它。

树立正确的荣辱观，对荣誉、地位、利害得失，要有一种正确地对待态度。只有这样，才能建立起自立、自强、自爱、自信的健康的人生观，从而与虚荣绝缘。

调整追求目标，把追求胜于他人的欲望变成追求自我奋斗目标的实际行动。

认清自己的人生坐标，既不贪慕那些虚无缥缈的浮华，也不在自卑中扭曲自己。

有勇气正视自己的不足，有勇气暴露自己的缺点。

培养自己高品位的兴趣和爱好。发现人生中那些值得追求的、有意义的东西，并让它们来充实自己的生活，这样，虚荣自然就没有机会来困扰我们了。

不要为名声、形象所累，要注意对自己实际能力的培养，不必过多考虑别人的看法。

将虚荣心与上进心结合起来。如果真的难以脱"俗"，那就把虚荣心作为一种动力，引导自己奋发向上，使它产生积极的效果。

力戒说谎，避免以说谎来表现虚荣。

更为艰难和缓慢。比如，一些人为了贪图一时的风光和荣耀，将整个生活本末倒置。正如曹操所言："慕虚荣而处实祸。"追逐虚荣永远不会给人带来真正的荣誉，而多是带来得不偿失乃至身败名裂的下场。因为假的终究是假的，终有一天会露出麒麟皮下的马脚来。俄国著名的生理学家巴甫洛夫在《给青年们的一封信》里曾针对虚荣的人这样说："不论这种肥皂泡的色彩是多么让人目眩，它都必然是要破裂的，于是你们除了后悔外，会一无所获。"

从另一个角度说，有强烈虚荣心的人也不会有什么幸福。因为这类人总是想在各方面胜过他人，就以假象昭示于人，以提高自己的价值，得到别人的赞许。他们惯用的手段就是欺瞒、撒谎。其实他们的内心是很空虚、惆怅和矛盾的：没有达到目的之前，他们要受不如意的现状折磨，达到目的后，又唯恐真相败露而恐惧；达到目的时，表面虽很光彩，很强大，但独自一人时，又会感到自卑。试想，一个人如果常被这样的矛盾心理所折磨，他们的心灵能不痛苦吗？他们还会有幸福吗？

虚荣心之所以会在一个人身上产生，有着深刻而复杂的各种原因。认清这些，将有助我们从最大限度上看清"虚荣"的真面目，并把它从自己身边驱逐开，或把它彻底克服掉。

# 自负:
## 唯我独尊

> 没有一个人能够有骄傲的资本，因为任何一个人，即使在某一方面的造诣很深，也不能说他已经彻底精通。生命有限，知识无穷，任何一门学问都似无穷无尽的海洋，谁也没有资本认为自己已经达到了最高境界而停步不前，趾高气扬。

## 自负就是自以为了不起

纵观历史，一些成功人士的失败，无不源于在成就面前的忘乎所以、我行我素、目空一切。被人称为"美国之父"的富兰克林，少年得志、豪情满怀、意气风发，他的表现、风度自然也是十分也不起。

一位爱护他的老前辈意识到，一个有成就的普通人如此表现无可厚非，但作为国家领导人，这样很危险。于是他将富兰克林约出来，地点选在一所低矮的茅屋。富兰克林习惯于昂首阔步地大步流星，于是一进门只听"嘭"的一声，他的额头顿时起了一个大包，痛得连声叫喊。

迎出来的老前辈连忙说："很疼吧！对于习惯仰头走路的人来说，这是难免的。"于是富兰克林终于有所领悟。

"谦"不是自我压抑，"满"也不是自我张扬，最关键的是站在成功面前，以一颗平和的心面对未来，只有这样，才能把自己的成就保持长久。爱迪生晚年的经历也许能给我们一些启发。

当初那个锐意进取的爱迪生，到了晚年曾说过一句令我们目瞪口呆的话："你们以后不要再向我提出任何建议。因为你们的想法，我早就想过了！"于是悲剧开始了。

1882 年，在白炽灯彻底获得市场认可后，爱迪生的电气公司开始建立电力网，由此开始了"电力时代"。当时，爱迪生的公司是靠直流电输电的。不久，交流电技术开始崭露头角，但受限于数学知识（交流电需要较多数学知识）的不足，更受限于孤芳自赏的心态，爱迪生始终不承认交流电的价值。凭借自己的威望，爱迪生到处演讲，不遗余力地攻击交流电，甚至公开嘲笑交流电唯一的用途就是做电椅杀人！发展交流电技术的威斯汀豪斯公司，一度被爱迪生压得抬不起头。

成功 → 自信 → 自负 → 狂妄 → 轻率 → 惨败 → 成功

自负怪圈

一朝不等于一世。后来，那些崇拜、迷信爱迪生的人在铁的事实面前惊讶地发现：交流电其实比直流电要强得多！

爱迪生辉煌的人生，却在接近尾声时栽了一个致命的大跟头，而且再也没能爬起来，成了他一生挥之不去的败笔。是什么使爱迪生前

## 自负形成的原因

过分娇宠的家庭教育是自负心理产生的第一根源。

一帆风顺的生活容易助长人的自负心理。

片面的自我认识是自负心理形成的一大原因。

自尊心过强的人为了自我保护容易滋生自负心理。

后判若两人？是什么毁了一个功成名就的伟人？在逆境中，爱迪生保持了惊人的毅力与良好的心态；在顺境中，他却像历史上很多伟人一样，沉湎在自己的成就中，变得狂妄、轻率而固执。从那一刻起，他前半生积累的一切成就，全部变成了负数，阻碍了社会进步，也毁了自己的一世英名。

不要相信能人会永远英明，即便是伟大的牛顿、爱迪生，到晚年都保不住自己的"品牌"。古今中外的很多伟人都难逃"成功—自信—自负—狂妄—轻率—惨败"的怪圈。真正聪明的人，总是在为事业奠定一个物质和制度基础后，平视自己的成就，平视周围的人，而不是仰视成就，俯视周围的人和事，这样的人才可能事业常青。

20 世纪 30 年代，科学家得出了发出遗传信息的正是细胞核里的 DNA 的结论后，DNA 成了世界各地各著名试验室的研究课题。其中最具代表性的是美国一直致力于蛋白质研究的化学界"权威"莱纳斯·鲍林和剑桥大学的卡文迪许实验室。他们几乎是同时着手对奇异的 DNA 结构进行探索的。

在卡文迪许实验室从事 DNA 结构研究的是英国人弗朗西斯·克里克和美国人詹姆斯·沃森。沃森虽然一直在研究 DNA，但是克里克原来却是从事武器方面研究的，所以他们二人的组合相对于鲍林的地位可以说是"一个在地，一个在天"。他们对 DNA 的研究实在不能引起鲍林的重视，在鲍林眼里沃森是一个好学生，但因成绩还不够突出，连到加州理工学院当研究生的申请都未被批准；克里克已经三十五六岁了，还在读研究生。况且卡迪文斯实验室的科学家们至今尚未在任何竞赛中打败过鲍林。所以，鲍林颇为自信，他认为只有自己有能力解开 DNA 之谜，因为没有谁有足够的化学基础能对自己构成威胁。他还认为，与蛋白质相比，弄清 DNA 的结构不会很难，"这算不上一个最为紧迫的问题"。

也就是说，鲍林是自负的，他不相信有人能够在他之前发现 DNA 的结构，尤其是在顺利解决阿尔法螺旋问题后，他更认为自己才是世界上解决巨分子结构的最佳人选。

可事实却给了鲍林重重的一击，在探索 DNA 结构这一课题上，他输了，他输在了浮躁和自负上。他不但过于自信，藐视对手，而且急于求成。针对解析 DNA 这样一个大的课题，他没有把研究的准备工作做好就想碰碰自己的运气了。甚至当奥地利生物化学家切加夫得出碱基对应关系的结论后，仍然没有得到鲍林的重视，而沃森和克里克恰恰是在这一点上获得启发，最终找到了 DNA 的正确结构。

鲍林因为自负输掉了这场大比拼。鲍林的自负，虽并未抹杀他已取得的巨大成就，却也在很大程度上削减了他作为一个科学巨人的"砝码"。这一教训，当为人们记取。

# 纵身一跳的身影

有人说，自负是我们自掘的一个陷阱，当我们自负过头的时候，常常堕入其中。大文豪王尔德说："人们把自己想得太伟大时，正是在显示本身的渺小。"自负害人，它甚至能夺走人的生命。

当小明自杀的消息传遍整个大学校园的时候，人们不禁为之震惊，尤其是熟悉小明的同学、老师和老乡，更为他的轻率而倍感痛心。

小明 4 年前以省第一名的成绩考入这所重点大学。进校后，学校领导、老师对他倍加重视，他们说："终于有机会发放5000元的状元奖金了。"仅对他个人的宣传就搞了半学期，小明成为全校闻名的人物，无人不知、无人不晓。

老师的宠爱、同学的羡慕以及一些人的吹捧，让小明有了飘飘然的感觉。他想当然地认为自己是最棒的，从此，他变得极其自负、高傲。老师的话他有时还能听进去一些，同学的话他从来就不听完，还总是借机嘲笑、贬低别的同学，对什么事都嗤之以鼻。由于过分自负，他没有一个朋友，孑然一身更让他谁也瞧不上眼。每天他都想着头顶上省状元的桂冠自鸣得意。他经常因为觉得老师讲课讲得不好而不去上课，他从不参加集体活动。他时常沉浸于武侠小说、言情小说的世界里混沌度日。老师为他的滑坡而担忧，经常劝导他要戒骄戒躁，可是他总是把老师的话当作耳边风，他自负地认为，自己这么聪明，对付那些考试是小菜一碟。就这样，虽然他从未在期末考试中亮"红灯"，但成绩不容乐观。自己得不到奖学金，他就说别人只会读死书；自己评不上优秀称号，他就说别人只会溜须拍马、笼络人心。

到了大四，保研名单上自然没有他。他只有两条路可以走，考研或找工作。然而他仍自负地认为，自己是省状元，肯定能考上研究生。于是，他自负地向全班同学宣称，他要考上全国某著名大学的计算机硕士研究生。从此，他开始起早贪黑地学习了，无奈，由于大学期间专业功底太差，他学习起来总是力不从心。3月份公布成绩时，他的专业课均没有

⊙自负的人习惯沉浸于虚无的胜利幻想之中。

87

上线，这无疑是当头一棒。他拿到成绩通知单时如霜打的茄子一般。第二天早上，人们在 14 层高的办公楼前发现了小明的尸体，他的口袋里装着一份浸透了鲜血的成绩通知单和一封遗书。他说："因为我知道自己再也骄傲不起来了，对我而言，没有了骄傲就如同剥夺了自己的生命。"

我们在深深惋惜小明年轻生命的同时，更察觉了人性深处的悲哀。也许小明到最后也不知道，是自负让他失去了生存的勇气，是自负剥夺了他生存的欲望。

"人外有人，天外有天"，谁也不是常胜将军。自负者习惯沉浸于虚无的胜利幻想中，他们常常因为一次的成功就自我满足，眼前显现的永远是早已逝去的鲜花与掌声。他们把别人给予自己的荣誉看作是理所当然的，他们不能静下心来想一想如今自己都做了些什么，都收获了什么。自负者总认为曾经的成功能长久，总认为别人一直会甘拜下风。所以，他们自视清高、目中无人，更有甚者非但自己不思进取，还伺机嘲讽别人的努力，最终导致了心理的扭曲。

# 自负只会错失机会

许多人总是把自负当成是激励自己继续努力和赖以为生的精神动力，事实上，自负是一种精神与心灵上的盲目。

俄国作家契诃夫曾说："人应该谦虚，不要让自己的名字像水塘上的气泡那样一闪就过去了。"如果你认为自己拥有广博的知识、高超的技能、卓越的智慧，却没有谦虚镶边的话，你就不可能取得灿烂夺目的成就。你要永远记住："伟人多谦逊，小人多骄傲。太阳穿一件朴素的光衣，云彩却披了灿烂的裙裾。"

比尔·盖茨曾说："如果我们有了一点成功便觉得了不起，这是不可取的行为。然而，如果我们为自己的成功自鸣得意时，有一个人来教训我们一番，那么，我们就可以称之为幸运了。"

小肖是一个刚刚毕业的大学生，不但相貌英俊，而且热情开朗。他决定找一份与人交往的工作，以发挥自己的长处。很快，他就得到一个好机会——一家五星级宾馆正在招聘前台工作人员。

小肖决定去试试，于是第二天清早就去了那家宾馆。主持面试的经理接待了他。看得出来，经理对小肖俊朗的外表和富有感染力的热情相当满意。他拿定主意，只要小肖符合这项工作的几个关键指标的要求，他就留下这个小伙子。

他让小肖坐在自己对面，并且开门见山地说："我们宾馆经常接待外宾，所有前台人员必须会说四国语言，这一指标你能达到吗？"

"我大学学的是外语，精通法语、德语、日语和阿拉伯语。我的外语成绩是相当优秀的，有时我提出的问题，教授们都支支吾吾答不上来。"小肖回答说。事实上，小肖的外语成绩并不突出，他是为了获取经理的信赖，自己标榜自己。但显然，他低估了经理的智商。事实上，在小肖提交自己的求职简历时，公司已经收集了有关的详细信息，其中包括小肖的大学成绩单。

听了小肖的回答，经理笑了一下，但显然不是赏识的笑容。接着他又问道："做一名合格的前台人员，需要多方面的知识和能力，你……"经理的话还没说完，小肖就抢先说："我想我是不成问题的。我的接受能力和反应能力在我所认识的人中是最快的，做前台绝对会很出色的。"

听完他的回答，经理站了起来，严肃地对他说："对于你今天的表现，我感到很遗憾，因为你没能实事求是地说明自己的能力。你

⊙自视清高、目中无人有时是愚蠢的代名词。

| 自负会带来的负面影响 |
| --- |
| 自负会让行动止步不前，而失败接踵而至。 |
| 自负会让你失去人脉，在人际交往中陷于困境。 |
| 自负会蒙蔽你的双眼，使你成为井底之蛙。 |
| 自负有时是愚蠢的代名词。 |

的外语成绩并不优秀，平均成绩只有 70 分，而且法语还连续两个学期不及格；你的反应能力也很平庸，几次班上的活动你都险些出丑。年轻人，在你夸夸其谈时，最好给自己一个警告。因为每夸夸其谈一次，诚实和谦逊都要被减去 10 分。"

在我们的生活中，像小肖这样的人并不少见。很多人只知吹嘘自己曾经取得的辉煌，夸耀自己的能力学识，以为这样可以博得别人的好感和赞扬，赢得别人的信任，但事实上，他们越吹嘘自己，越会被人讨厌；越夸耀自己的能力，越受人怀疑。

谦逊基于力量，自负基于无能。夸耀自己和自我表扬并不会为我们赢得好的机会，只会断送我们的前程。因为一个喜欢标榜自己的人，往往会失去朋友——没有人喜欢和一个自我表扬的人在一起；失去别人的信任——别人不但会对你的能力产生怀疑，更严重的是你的品德和灵魂也会遭人批评。无疑，一个没有好人缘、不可信的人是永远都不会与成功邂逅的。

# 谦逊是通往进步之门的钥匙

谦逊就像跷跷板，你在这头，对方在那头。只要你谦逊地压低了自己这头，对方就高了起来，而这最终会为你打开成长之门。

有人问苏格拉底是不是生来就是超人，他回答说："我并不是什么超人，我和平常人一样。有一点不同的是，我知道自己无知。"这就是一种谦卑。无怪乎古罗马政治家和哲学家西塞罗会说："没有什么能比谦虚和容忍更适合一位伟人。"

一颗谦逊的心是自觉成长的开始，这就是说，在我们承认自己并不知道一切之前，不会学到新东西。许多年轻人都有这种通病，他们只学到了一点点，却自以为已经学到了一切。他们的心关闭起来，再没有东西能进得去，他们自以为是万事通，而这恰恰是他们所犯的最严重的错误。

达·芬奇曾经说过："浅薄的知识使人骄傲，丰富的知识则使人谦逊，所以空心的禾穗高傲地举头向天，而充实的禾穗则低头向着大地，向着它们的母亲。"谦逊不仅是一种美德，还是你无往不胜的要诀，因为谦和、温恭的态度常常会使别人难以拒绝你的要求，这也是巨大收获的开头。正如亚里士多德所说："对上级谦恭是本分，对平辈谦逊是和善，对下级谦逊是高贵，对所有的人谦逊是安全。"

西方哲学家卡莱尔说："人生最大的缺点，就是茫然不知自己还有缺点。"因为人们只知道自我陶醉，一副自以为是、唯我独尊的态度，殊不知这种态度会遭到多数人的排斥，使自己处于不利地位。

事实上，谦逊是通往进步之门的钥匙。没有谦逊，我们就会太过自满，以致不敢去面对今后的挑战。没有谦逊，我们就不会睁大双眼满怀好奇地去探索新的领域。如果我们不能保持谦逊的态度，或许就不敢承认错误，找出解决问题的方法，重新开始。谦逊，是我们对人类文明的未来以及我们在其中所处的地位表示关注的应有心态。

⊙保持谦逊，进步之门才会为你打开。

## 如何克服自负

| 学会坦然接受批评 | 接受批评是根治自负的最佳方法。自负者最致命的弱点是不愿意改变自己的态度或接受别人的观点，接受批评即是针对这一特点提出的方法。这并不是让自负者完全服从于他人，只是要求你能够接受别人的正确观点，通过接受别人的批评，改变过去固执己见、唯我独尊的形象。 |
|---|---|
| 要懂得谦虚和不露锋芒的人生道理 | 锋芒毕露的自负，说到底是一种浅薄的行为，它只会招致别人的疏远和打击，应当为我们所戒。 |
| 学会内省 | 自负者的"强大"和"胜利"往往是幻想中的，如果能经常地进行自我反省，将有助于认清自身内外的真实情况，从而消除掉那些不切实际的自负。 |
| 对自己进行一些有意识的挫折训练 | 遭遇挫折，体验失败，更清楚地看到自己的不足，这是克服自负最有效的方法之一。 |

　　只有保持谦逊，我们才可能有相互学习的机会；只有保持谦逊，我们才可能坦诚地与他人交换意见；只有保持谦逊，我们才可能避免犯下傲慢与褊狭的错误。因为，谦逊使我们相互之间敞开心扉，并使我们能够从他人的角度看待事物。

# 崇拜:
## 把自己掏空，交给别人

生活中有很多变相的权威和偶像，比如学历、权贵、名流等，它们会禁锢你的头脑，束缚你的手脚。如果盲目地附和众议，就会丧失独立思考的习性；如果无原则地屈从他人，就会被剥夺自主行动的能力。

## 做你自己

电影明星洛依德将车开到检修站，一个女工接待了他。女工熟练灵巧的双手和年轻俊美的容貌一下子吸引了他。

整个巴黎都知道洛依德，但这个姑娘却没表示出丝毫的惊讶和兴奋。

"您喜欢看电影吗？"洛依德不禁问道。

"当然喜欢，我是个电影迷。"

女工手脚麻利，看得出她的修车技术非常熟练。不到半小时，她就修好了车。

"您可以开走了，先生。"

洛依德却依依不舍："小姐，您可以陪我去兜兜风吗？"

"不，先生，我还有工作。"

"这同样是您的工作。您修的车，难道不亲自检查一下吗？"

"好吧，是您开还是我开？"

"当然我开，是我邀请您的嘛。"

车跑得很好。姑娘说："看来没有什么问题，请让我下车好吗？"

"怎么，您不想再陪陪我吗？我再问您一遍，您喜欢看电影吗？"

"我回答过了，喜欢，而且是个影迷。"

"您不认识我？"

"怎么不认识，您一来我就认出您是影帝阿列克斯·洛依德。"

"既然如此，您为何对我这样冷淡？"

"不！您错了，我没有冷淡，只是没有像别的女孩子那样狂热。您有您的成绩，我有我的工作。您今天来修车，是我的顾客，我就像接待顾客一样接待您；将来如果您不再是明星了，再来修车，我也会像今天一样接待您。人与人之间不应该是这样吗？"

洛依德沉默了。在这个普通的女工面前，他感觉到自己的浅薄与狂妄。

"小姐，谢谢！您让我受到了一次很好的教育。现在，我送您回去。再修车的话，我还会来找您。"

⊙ 盲目地崇拜只会带来两种结果：对自卑的安慰和对自尊的亵渎。

对权贵和名流的崇拜，只能给我们自己带来两种结果，第一是对自卑心的安慰，第二是对自尊心的亵渎。

人生而平等，生活中的每个人都一样重要，我们有什么理由降低自己的人格去向权贵和名流表达平白无故的敬意？恪守本分、不卑不亢，如此做人才不丧失尊严。问题是，现实生活中有多少人能够做到呢？

**为什么会崇拜**

贪图利益。

自卑心理。

盲目心理。

## 傻瓜崇拜信条，聪明人崇拜超越

法国科学家法伯曾做过一个著名的毛毛虫试验。他把若干毛毛虫放在一个花盆的边缘上，首尾相连，围成一圈，并在花盆周围不到6英寸（约15厘米）的地方撒了一些毛毛虫最爱吃的松针。毛毛虫开始一个跟着一个，绕着花盆一圈又一圈地走，一小时过去了，一天过去了，又一天过去了，毛毛虫们还是不停地围绕花盆在转圈，一连走了七天七夜，终于因为饥饿和精疲力竭而死去。

毛毛虫的悲剧在于盲从。其实，只要有一只毛毛虫能"越雷池"一步，打破固有的习惯及跟随的习性，就会逃脱死亡的陷阱。人，又何尝不是如此？

将一杯冷水和一杯热水同时放入冰箱的冷冻室里，哪一杯水先结冰？很多人都会毫不犹豫地回答："当然是冷水先结冰了！"非常遗憾，错了。发现这一错误的是一个非洲中学生姆佩姆巴。

1963年的一天，坦桑尼亚的马干马中学初三学生姆佩姆巴发现，自己放在电冰箱冷冻室里的热牛奶比其他同学的冷牛奶先结冰。这令他大惑不解，并立刻跑去请教老师。老师则认为，肯定是姆佩姆巴搞错了。姆佩姆巴只好再做一次试验，结果与上次完全相同。

不久，达累斯萨拉姆大学物理系主任奥斯玻恩博士来到马干马中学。姆佩姆巴向奥斯玻恩博士提出了自己的疑问，后来奥斯玻恩博士把姆佩姆巴的发现列为大学二年级物理课外研究课题。随后，许多新闻媒体把这个非洲中学生发现的物理现象称为"姆佩姆巴效应"。

很多人认为是正确的，并不一定就真的正确。像姆佩姆巴碰到的这个似乎是常识性的问题，我们稍不小心，便会像那位老师一样，做出自以为是的错误结论。

你是否有过这种经历？靠前辈、老师的经验生活着，把他们的话奉为圣旨，而且认为他们是为了不让自己走弯路，于是深信不疑，甚至有时候，依照先辈的经验去做事情的时候碰壁了，却不会从经验中怀疑，而是觉得自己做得不够好。

⊙适度的崇拜并不可怕，可怕的是不顾深浅的盲目崇拜。

借鉴别人的经验没错，但绝不能于到"说一是一"的地步。

一只麻雀，总想学孔雀的样子。孔雀的步法是多么骄傲啊！孔雀高高地仰起头，抖开尾巴上美丽的羽毛，那开屏的样子是多么漂亮啊！"我也要像孔雀一样，"麻雀想，"那时候，所有的鸟赞美的一定会是我。"麻雀伸长脖子，抬起头，深吸一口气让小胸脯鼓起来，伸开尾巴上的羽毛，也想来个"麻雀开屏"。麻雀学着孔雀的步法前前后后地踱着方步。可这些做法，使麻雀感到十分吃力，脖子和脚都很疼。最糟的是，其他的鸟——趾高气扬的黑乌鸦、时髦的金丝雀，还有蠢鸭子，全都嘲笑这只学孔雀的麻雀。不一会儿，麻雀就觉得受不了了。

"我不玩这个游戏了，"麻雀想，"我当孔雀也当够了，我还是当个麻雀吧！"但是，当麻雀还想象原来那个样子走路时，已经完全忘记了，除了一步一步地跳，再没别的办法了。这就是为什么现在麻雀只会跳不会走的原因。

著名的心理学家威廉·詹姆斯曾经谈过那些从来没有发现自己潜质的人。他说一般人只发展了 10% 的潜在能力。"他具有各种各样的能力，却习惯性地不懂得怎么去利用。"

我们有这样的能力，所以不应再浪费任何一秒钟去忧虑我们为什么不是其他人。

告诉自己：你是独一无二的，你是最棒的，做最独特、最棒的自己才是我们的选择。

洛威尔说："茫茫尘世，芸芸众生，每个人必然都会有一份适合他的工作。"

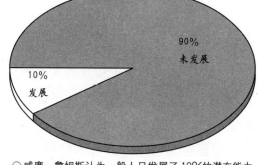

⊙威廉·詹姆斯认为一般人只发展了 10% 的潜在能力。

在个人成功的经验之中，保持自我的本色及以自身的创造性去赢得一个新天地，是最有意义的。

# 有什么样的目标，就有什么样的人生

拉尔夫·瓦多·爱默生曾经说过：要想成为一个真正的"人"，必须先是个不盲从因袭的人。卡耐基在《人性的弱点》一书中也提到过：年轻人或是涉世未深的人，常常会害怕自己与众不同，无论是穿着、行动、

言谈或思考模式，都尽量与
自己所属的圈子相同。

⊙ 有什么样的目标，
就有什么样的人生。

的确，这就是"从众
的盲目"。人们生活在一
定的范围内，会觉得在这
个圈子里，大多数人的做法
都是正确的，都是不可挑剔
的，都是不能改变的，如果
有谁做出了"另类"的
表现，那么他就
是"怪物"，就
是"非正常人"。

当高考来临
时，所有考生几乎都将眼光投向那些所谓的"热门"专业。当为数不多
的几个人根据自己的兴趣、爱好选择专业时，其他人都会以异样的眼光
看待他，因为他的做法和其他人不一样，他没有"盲目"跟随。结果，
那些冷静的考生在毕业后找到了各自理想的工作，而那些盲目的考生则
在毕业后一起挤上了一座独木桥。

当证券交易市场打开大门时，所有股民都将自己的血汗钱换成了
那些被大家称为"热门"的股票。当少数人以冷静的眼光分析判断，然
后选择了"冷门"股票时，其他人都会以异样的眼光看待他们，因为他
们的做法与众不同，没有"盲目"跟随。结果，那些冷静的投资者获得
了丰厚的利润，得到了应有的回报，而那些盲目的投资者则输得一塌糊涂，
血本无归。

因此，我们可以得出结论：这种从众性的盲目会使人丧失理智、做事
不经过大脑，当他在做一件事的时候，首先想到的不是冷静分析，客观
判断，而是去观察别人是怎么做的，在别人做法左右下决定自己怎样做，
这样一来他就会犯"大多数人"所犯的愚蠢错误。

我们再来看看什么叫"自我盲目"。所谓自我盲目，就是指做起事来毫无目的性可言，没有计划，没有准备，一切都是为了做事而做事，到头来落得个空欢喜。造成这种"自我盲目"的根本性原因就在于个人对自我的能力、自己所处的环境以及整个社会的环境没有正确的认识。

世界顶尖潜能大师曾经这样说：有什么样的目标，就有什么样的人生。有人工作起来非常卖力，也很认真，可是几年下来，依然是一事无成。当他回过头来反思时才发现，原来自己当初设计的通往成功的阶梯搭错了方向。为什么会出现这种情况呢？其实主要是因为他没有为自己制定一个目标，一个切实可行的目标。他在漫无目的地走着，盲目地干着各种各样的事情，到最后却没有一件事能够干好。

因此，我们可以得出结论：这种自我性的盲目会使人迷失方向、丧失理想，当他在做一件事的时候，首先想到的不是"我为什么要做这件事，做这件事有什么意义"，他们想到的是"我必须做这件事，我应该做这件事"，至于为什么，没有原因，只因为应该。

从以上两点我们可以看出，盲目会使人丧失机会，盲目会毁掉人的事业，盲目更可能毁掉一个人的一生，所以，克服人性中的盲目弱点就是迫在眉睫的事情了。

## 创造出一条属于自己的成功之路

有一名酷爱文学的学生，苦心撰写了一篇小说，请一位著名的作家指导。可是这位作家当时正好眼睛不适，于是学生便将作品读给作家听。

读到最后一个字，学生停顿下来。作家问："结束了吗？"听语气似乎作家意犹未尽，渴望下文。学生心中暗喜，马上回答说："没有啊，下部分更精彩。"他以自己都难以置信的构思叙述下去。

又"念"了一会儿，作家又似乎难以割舍地问："结束了吗？"

小说看来写得真不错，学生心中暗想着，于是他更兴奋，更激昂，更富于创作激情。他不可遏止地一而再、再而三地接续、接续……最后，电话铃声骤然响起，打断了学生的思绪。

电话找作家有急事，作家匆匆准备出门。

"那么，没读完的小说呢？"学生问。

作家回答："其实你的小说早该收笔，在我第一次询问你是否结束的时候，就应该结束。没必要画蛇添足，看来，你仍然还没能把握情节脉络，尤其是缺少决断。"

决断是当作家的根本，拖泥带水，如何打动读者？学生追悔莫及，自认性格过于受外界左右，难以把握作品，放弃了当作家的梦想。

多年以后，这名年轻人遇到另一位非常有名的作家，羞愧地谈及那段往事。谁知这位作家惊呼："你的反应如此迅捷，思维如此敏锐，编造故事的能力如此出众，这些正是成为作家的天赋呀！假如能正确运用，你的作品一定能脱颖而出。"

权威的意见固然可以参考，但参考毕竟是参考，作决定的还是自己。这是因为，权威可能今天是权威，不代表永远是权威，而且权威有很多，你该听信哪种呢？今天的权威不代表真理！如果你多问几句，这是真的吗？如果你改变一下，这次不这样做，结果会是怎样？如果你说不，会是怎样？不要害怕自己的决定会错误，因为权威们也不知道真正

⊙ 过于崇拜权威，会禁锢你的头脑。

| 如何克服盲目崇拜 | |
| --- | --- |
| 凡事问个"为什么" | 不管别人说什么，你都应该问自己："为什么？这是不是真的？" |
| 冷静分析 | 冷静的头脑是战胜盲目最好的武器。 |
| 不随波逐流 | 别人怎么说、怎么做是他们的事，你应该做你自己。 |
| 不贪小利"为什么" | 天下没有免费的午餐，也许在美丽的午餐中就藏有毒药。 |

的事实到底是什么，他们也是以自己的经验做判断。相信自己的决断是正确的，你也就实现了自我突破。走出自己的一条路，是面对权威做出的正确选择，也是实现自我价值的出路所在。

1899 年，爱因斯坦在瑞士苏黎世联邦工业大学就读时，他的导师是数学家明可夫斯基。由于爱因斯坦肯动脑筋、爱思考，深得明可夫斯基的赏识。但是爱因斯坦很苦恼，苦于没办法实现突破前人做出的成就，而且每个领域的顶尖科学家看上去都无法超越。于是他请教老师："一个人，比如我，究竟怎样才能在科学领域、在人生道路上，留下自己的闪光足迹，做出自己的杰出贡献呢？"

一向才思敏捷的明可夫斯基一时竟想不出好主意，直到三天后，他才找到爱因斯坦，非常兴奋地说："你那天提的问题，我终于有了答案！"

爱因斯坦迫不及待地想知道。

明可夫斯基手脚并用地比画了一阵，怎么也说不明白，于是，他拉起爱因斯坦就朝一处建筑工地走去，而且径直踏上了建筑工人刚刚铺平的水泥地面。在建筑工人的呵斥声中，爱因斯坦一头雾水，非常不解地问明可夫斯基："老师，您这不是领我误入歧途吗？""对、对，歧途！"明可夫斯基顾不得别人的指责，非常专注地说，"看到了吧？只有这样的'歧途'，才能留下足迹！"然后，他又解释说："只有新的领域、只有尚未凝固的地方，才能留下深深的脚印。那些凝固很久的老地面，那些被无数人、无数脚步涉足的地方，别想再踩出脚印来……"听到这里，爱因斯坦沉思良久，非常感激地对明可夫斯基说："恩师，我明白您的意思了！"

从此，一种非常强烈的创新和开拓意识，开始主导着爱因斯坦的思维和行动。他曾经说过这样的话："我从来不记忆和思考词典、手册里的东西，我的脑袋只用来记忆和思考那些还没载入书本的东西。"于是，就在爱因斯坦走出校园、初涉世事的几年里，作为伯尔尼专利局里默默无闻的小职员，他利用业余时间进行科学研究，在物理学的未知领域里，大胆而果断地挑战并突破了牛顿力学。

崇拜权威会禁锢你的头脑，束缚你的手脚。不要照搬权威的意见，要坚持自己独立思考，并创造出一条权威之外的属于自己的成功之路。

# 自欺：
## 掩耳盗铃

　　自欺是谋求他人尊重的自我心理平衡的一种"诀窍"，但是自欺不能使自己的品格更加高尚，也无助于在生活中谋求成功。相反，它往往会导致在生活中发生过激行为，或者企图用相反的事实掩盖自己的弱点。

## 自欺欺人，归根结底是欺骗自己

　　自我欺骗，起源于人们普遍具有的性格特点——虚荣心，尤其是在缺乏他人的尊重时，这种自我欺骗就成了寻求自我心理平衡的一种"诀窍"。偶尔为之，可以说是一种无害的行为，甚至能够对自己产生激励，成为驱使自己奋发向上的内在动力。但是，一个人如果终日沉溺于白日梦和自我欺骗中不能自拔，则无疑会导致人格的畸形发展。喜欢自欺的人，既不能使自己的品格更完美高尚，也无助于在生活中谋取成功。相反，它往往会导致在现实中发生过激行为，或者企图用相反的事实来掩盖自己的弱点。

一个好莱坞的著名演员，因妻子闹离婚而心烦意乱、脾气粗暴，这种恶劣心境影响了他的日常工作。当他观看了自己拍摄的电影后，发现自己在影片中的表演极其混乱和不真实，于是，他沮丧绝望，认为自己不再会受到观众喜爱了，甚至一度打算退出影坛，另谋生路。最后，他接受了心理分析医生的忠告，举办了一次记者招待会，向人们解释了为什么他心情一直抑郁不快，从而不能成功地演好电影的原因。他把自己因生活琐事而影响了工作的愚蠢行径公之于众，暴露出自己的缺点。记者们为他这种直率和坦诚所感动，怀着极大的同情对他进行了报道。他也因此一举摆脱了忧郁烦闷，声望也随之大振。可以想象，一个习惯于自我蒙蔽的人，是不会公开承认自己有缺点的，因而也很难体味到被社会承认的快慰。

"唯大丈夫能显英雄本色"。所谓本色，就是真实自然地表现你的人格，而不是极力遮掩，伪装高尚，故作多情。

弱点，人皆有之，即使是你崇拜的人物也不是完人，而是活生生的、有血有肉、有弱点的人。

富兰克林小时候，每有闲暇，便和邻近的孩子们到水边去，很早就学会了游泳和划船。在镇子的附近，有一片咸水沼泽，当涨水时，孩子们常常站在沼泽边钓鱼。日子一长，站的地方被踩成了一片烂泥地。富兰克林便向小伙伴们建议，修筑一个便于站立的钓鱼台。至于建筑材料，可以用堆在不远处的石块——那石块是用于盖一座新房子的，孩子们都知道。但在兴头上，谁都没有理会这一点。等到盖房工人下班离去，孩子们便开始了他们的工程，搬光了所有的石块。建成了自己的钓鱼台以后，大家高高兴兴地回家去了。

第二天一早，工人们发现石块堆不见了，大吃一惊，四处寻找，结果，石块已变成了一座钓鱼台，搬走石块的孩子们也被一个个查了出来。孩子们大都受到了自己父亲的责怪。富兰克林向父亲辩解说，这是一桩有益的事，父亲却教训他说，不诚实的事是不会有益的。

诚实待人方是做人之本，欺骗他人的人也就是在欺骗自己。你欺骗了一个朋友，你就少了一个朋友；你欺骗了一个亲人，你就少了一份亲情；你欺骗了许多人，你就会一无所有。一切的欺骗，归根结底是在欺骗自己，这样的人，不要说成功，根本就不值得尊敬。

⊙ 自欺欺人最后只会害了自己。

大人物尚且如此，我们又何必回避自己的弱点，自我欺骗呢？林肯的竞争对手有一次指责林肯是个两面派。林肯回答说："如果我还有另一幅面孔的话，我就不会长得像现在这个样子了。"林肯相貌不佳是众所周知的，如果他成天忌讳别人指责他长相有缺陷的话，那么流传下来的就不是一段佳话，而是尴尬狼狈的场面了。

一个惯于欺骗自己的人是不会诚实地和其他人合作的，欺骗自己的人一定也会欺骗他人。

## 自欺其实是一厢情愿

为了面子自欺欺人，是不成熟的标志。更可悲的是，自欺会让我们活在痛苦之中。

小王一直认为自己很幸运，找了一个帅哥做丈夫，一个被众姐妹羡慕的白马王子。但那是白天的戏，夜晚来临，她就得扮演任劳任怨的女奴。

丈夫比她小 3 岁，家庭背景体面，又在外资企业里做主管，风度翩翩。但实际上，这个男主角外壳坚硬，善于虚张声势，而内心却很自卑，没有自信。

可是，这个在外被大家"宠"坏的长不大的孩子，占有欲又极强。于是，便通过一次又一次对妻子的征服、欺凌、虐待，来确定自己的权威与魄力。

在这桩外人叫好、当事人心酸的婚姻里，男主角不想承担什么责任，也害怕责任，可他又要耍家长威风，最变态的是，几乎夜夜要打太太出气。

而更可悲的是，女主角小王居然忍了近十年，她说，总以为他还小，耍小孩子脾气，忍一些时日，他会浪子回头的。

她在做梦。这种人格不成熟的男人，或许只适合谈恋爱，却不适合做丈夫和父亲。每次丈夫动粗时，小王只苦苦哀求别打她的脸就好，因为那会被别人看到，那很丢人！

总以为哀兵政策会软化他冷酷的心，总以为他会长大，不再分裂成白天与夜晚截然不同的两种角色。但，这是一厢情愿！

⊙你所认定的飞升注定会跌落到地面上——自欺欺人最后只能自食其果。

或许，爱神真的是个瞎子。它只负责给你冲动、感动、激动，它只诱发你幻想，使你变傻、变痴，只见树木、不见森林……它让当局者迷失方向，情不自禁，却又不自知、不觉醒，赔了青春之后，才发现一切已晚了，只好忍着，以为太阳下山了，还有星星会弥补那颗受伤的心……

忠贞，但不要愚忠；放弃，但不要失去自我。幸福如同穿鞋，是否舒服，只有自己知道，不是穿给人看的。有些幸福，对自己而言，是如此真实，但在外界看来，却不精彩；有些"体面"与"光荣"，人们是如此看好，但身陷其中的你，才真正体会到"败絮"的无奈。这时，你要清醒，要学会保护自己，学会一点点自私，毕竟，爱神是不管"幸福"一事的，只有你才可以创造幸福。

## 不要自欺欺人地想象一切

这里有一个蚂蚁和犀牛的故事。

"报告大王，洞外来了一只犀牛。"小蚂蚁向蚁王报告说。

"就一头？"

"一头，陛下。"

"那好，让我派一只蚁将去把它捉了来！"

"这怎么行呢……"报告的小蚁吃惊地说道。

"不行？嘿！莫非得我蚁王亲自上阵不成？"

蚁王刚说完，犀牛在远远的地方喘了一口气，一阵风把蚁穴吹得堵死了。

过了一会儿，只听见蚁王在洞里放心地说道："也好，不用我再亲自上阵了，那犀牛肯定被大风吹到九霄云外了。"

目光短浅的人就常常像蚁王这样，自欺欺人地去想象一切。

你会不会觉得这个蚁王很可笑？它简直愚蠢得要命，竟然不知道那阵所谓的大风就是犀牛的喘气，还愚昧地认为犀牛也被大风吹走了。它那种自欺欺人的想法是多么荒唐可笑！

自欺欺人的人只会害了自己。想一想，如果某件事明明是自己做错了，却硬要说自己没错，还欺骗自己说自己做得非常好，会有什么后果？这只会让他觉得自己很了不起，继续欺骗自己罢了。这样下去，他就再也不会想要进步了。而且，他处处自以为是，别人也不会喜欢你。因此，为了不断地进步，为了不被人讨厌，我们要实事求是，不要自己欺骗自己。

## 适应不可避免的事实

每天上午 11 时许，一辆耀眼的汽车都会穿过纽约市的中心公园，车里除了司机，还有一个人——无人不晓的百万富翁。

百万富翁注意到：每天上午都有位衣着破烂的人坐在公园的凳子上死死地盯着他住的旅馆。

一天，百万富翁对此发生了极大的兴趣，他要求司机停下车并径直走到那人的面前说："请原谅，我真不明白你为什么每天上午都盯着我住的旅馆看。"

"先生，"这人答道，"我没钱，没家，没住宅，我只得睡在这长凳上。不过，每天晚上我都梦到自己住进了那所旅馆。"

百万富翁灵机一动，洋洋自得地说："今晚你一定如梦以偿。我将为你在旅馆租一间最好的房间并付一个月房费。"

几天后，百万富翁路过这人的房间，想打听一下他是否对此感到满意。

然而，他出人意料地发现这人已搬出了旅馆，重新回到了公园的凳子上。

当百万富翁问这人为什么要这样做时，他答道："一旦我睡在凳子上，我就梦见我睡在那所豪华的旅馆，真是妙不可言；一旦我睡在旅馆里，我就梦见我又回到了冷梆梆的凳子上，这梦真是可怕极了，以致完全影响了我的睡眠！"

显然，环境并不能决定我们是否快乐，我们对事情的反应反而决定了我们的心情。耶稣曾说："天堂在你心中，当然地狱也在。"

也许我们察觉不到，但是我们内心却有更强的力量帮助我们渡过难关，我们都比自己想得更坚强。

一切都是最好的安排，决定你的生活航向的是你自己的心灵，而不是环境。在漫长的人生旅途中，有时要苦苦撑持暗无天日的境遇；有时却风光绝顶，无人能比，但能掌控我们的命运的，绝不是我们所处的境遇，而是我们的心灵。踏入一条错误的河流并不可怕，可怕的是把心灵开错窗。不管上天有没有给你一个华美的舞台，你的心有多大，你的舞台就有多大。

尼布尔有一句有名的祈祷词："上帝，请赐给我们胸襟和雅量，让我们平心静气地去接受不可改变的事情；请赐给我们力量去改变可以改变的事情；请赐给我们智能，去区分什么是可

⊙摒弃自欺欺人，坦然面对不可避免的现实。

以改变的，什么是不可以改变的。"

在我们的一生中，总有一些事情，虽非心甘情愿，却也无可奈何。有生之年，我们势必会有许多不愉快的经历，它们是无法逃避的，我们也是无法选择的。我们只能接受不可避免的现实做自我调整。

松树无法阻止大雪压在它的身上，但它可以弯曲自己；蚌无法阻止沙粒磨蚀它的身体，但它可以包裹沙子来适应这悲惨的遭遇。学会和环境化敌为友，这是一种适应性，也是一种生存的技巧，人类作为万物的灵长又怎能屈居于这些小生物之下？正如席慕蓉所说："请让我们相信，每一条走过来的路径都有它不得不这样跋涉的理由，每一条要走下去的前途都有它不得不那样选择的方向。"我们也许没有选择的权利，但我们有改变自己的能力。

# 完美：
## 过分的苛求

> 这个世界上没有一件事物是十全十美的，它们或多或少都有瑕疵，人类亦是。凡事只能尽最大的努力使它更完美一些，切勿过分苛求。如果采取一种务实的态度，就会活得更快乐！

## 完美爱人如完美本身一样不存在

　　几乎每一个人在内心都有一种追求完美的冲动，当一个人对于现实世界的残缺体会越深时，他对完美的追求就会越强烈。这种强烈的追求会使人充满理想，但这种强烈的追求一旦破灭，也会使人绝望。

　　你追求完美吗？当然，尽管你可能不承认，但你要知道，这个世界上没有一件事物是十全十美的，它们或多或少都有瑕疵，人类亦是。凡事只能尽最大的努力使它更完美一些，切勿过分苛求。如果采取一种务实的态度，就会活得更快乐！

生活中，有很多人忙忙碌碌一辈子，可是到最后却一事无成，究其原因就在于他们做事非要等到所有情况都完美时，才肯动手去做。然而所有的事情都不是绝对完美的，所以，这些人也只有在等待完美中耗尽他永远无法完美的一生。

城市里来了一位老人。

这老人一看便知是来自远方的旅人，他背着一个破旧不堪的包袱，脸上布满了风霜，鞋子因为长期行走，破了好几个洞。

老人的外表虽然狼狈，却有着一双炯炯有神的眼睛，不论是行走或躺卧，他总是仔细而专注地观察着来来往往的人。

老人的外貌与双眼组合成了一个极不协调的画面，吸引了所有人的目光，人们窃窃私语：这不是普通的旅人，他一定是一个特殊的寻找者。

但是，老人到底在寻找什么呢？

一些好奇的年轻人忍不住问他："您究竟在寻找什么呢？"老人说："我像你们这个年纪的时候，就发誓要寻找到一个完美的女人，娶她为妻。于是我从自己的家乡开始寻找，一个城市又一个城市，一个村落又一个村落，但一直到现在都没有找到一个完美的女人。"

"您找了多长时间呢？"一个年轻人问道。

"找了 60 多年了。"老人说。

"难道 60 多年来都没有找到过完美的女人吗？会不会这个世界上根本就没有完美的女人呢？

"有的！这个世界上真的有完美的女人，我在 30 年前曾经找到过。"老人斩钉截铁地说。

"那么，您为什么不娶她为妻呢？"

"在 30 年前的一个清晨，我真的遇到了一个最完美的女人，她的身上散发出非凡的光彩，就好像仙女下凡一般，她温柔而善解人意，她细腻而体贴，她善良而纯净，她天真而庄严，她……"

老人边说边陷进深深的回忆里。

年轻人更着急了："那么，您为何不娶她为妻呢？"

老人忧伤地流下眼泪："我立刻就向她求婚了，但是她不肯嫁给我。"

"为什么？为什么？"

"因为她也在寻找这个世界上最完美的男人呀！"

在这个世界里，完美也是一件可怕的事物，如果你每做一件事都要求完美无缺，便会因心理负担的增加而不快乐，要知道，人生的各种不幸皆由追求完美而导致。当一个人要求别人善待他时，缺点便显现无遗。完美是一座心中的宝塔，你可以在内心中向往它、塑造它、赞美它，但你切切不可把它当作一种现实存在，因为这样只会使你陷入无法自拔的矛盾之中。

生活中，许多人就像这位老人一样，终生都在寻找一位最完美的伴侣，寻找一份完美的工作，寻找一种完美的生活，然后日子就在这种寻找中如白驹过隙般流走了。

事事追求完美，万事皆要拼命做好，表面上确是一件好事，但它却会使你自己陷入一种生活的瘫痪。从某种程度上来讲，等待尽善尽美实际上是一种惰性，一个人在为自己制定一些尽善尽美的标准时，本身就已经意味着不会去尝试任何事情，因为只有尽善尽美的时候才能执行，没有尽善尽美，当然就不去执行。人不可能完美，但需要不断追求，不断追求完美。但是在追求过程中，人们需要走出完美的误区，去善待他人，善待自己，认识到自己的长处与短处，不走极端，从而

⊙ 你可以追求完美，但人生没有真正的完美。

过好轻松快乐的每一天。

苛求完美、过分计较细节，最大的危险就是反而会让我们忘了最重要的目标。

有人因为苛求自己在职位上尽忠职守，而忘了继续追求成长，奠定升迁的根基；有人因为苛求自己做全天下最体贴的父母，而忘了让孩子独立；有人因为苛求自己做一个完美的配偶，而对伴侣的出轨百般包容；有人因为苛求自己符合完美的媳妇形象，而忽略了她这辈子最重要的责任是活出自我。

完美不是讨好、不是低声下气、不是满足所有人的要求，更不是作践自己。

将力求完美的目标扩大，脚步放缓，心境放宽。与其强迫自己忘我地牺牲来满足别人的要求，不如反过来在满足自己的需求中兼顾他人。

当被迫在自己与他人之间作选择时，应当以长远的眼光来判断两者孰重孰轻。也许会为自己坚持一点立场惹来极大的风波，但从长远来看，舍弃自己绝对弊多于利，反而会让自己沦为予取予求的对象。因此，要勇于面对现实，为自己抗争到底。

更重要的是在这所有的努力之前，先确定自己的目标在哪里，别一味追求那张完美的面具。

## 没有不遗憾的人生

对于每个人来讲，不完美是客观存在的，无须怨天尤人，无须不敢面对。上帝对谁都是公平的，它赐给了音乐家才华，就不再赐给他好的容貌，可是其貌不扬又如何呢？重要的是你能发现自己的价值，绽放出自己的光芒。

著名的音乐家托马斯·杰斐逊其貌不扬，他在向妻子玛莎求婚时，还有两位情敌也在追求玛莎。

一个星期天，杰斐逊的两个情敌在玛莎的家门口碰上了。于是，他们准备联合起来羞辱杰斐逊。可是，这时门里传来优美的小提琴声，还有一个甜美的声音在伴唱。

如水的乐曲在房屋周围流淌着，两个情敌此时竟然没有勇气去推玛莎家的门，他们心照不宣地走了，再也没有回来过。

曾经有这样一个故事给了我们很多启示。

一个被劈去了一小片的圆想要找回一个完整的自己，到处寻找自己的碎片。由于它是不完整的，滚动得非常慢，从而看见了沿途美丽的鲜花，它和虫子们聊天，它充分地感受到阳光的温暖。它找到许多不同的碎片，但它们都不是它原来的那一块，于是它继续找寻……直到有一天，它实现了自己的心愿。然而，作为一个完美无缺的圆，它滚动得太快，错过了花开的时节，忽略了虫子。当它意识到这一切时，毅然舍弃了历尽千辛万苦才找到的碎片。

这个故事告诉我们，也许正是失去，才令我们完整。也许正是缺陷，才体现我们的真实。

智者再优秀也有缺点，愚者再愚蠢也有优点。对人多做正面评估，不用放大镜去看缺点，生活中对己宽、对人严的做法，必遭别人唾弃。避免以完美主义的眼光去观察每一个人，要以宽容之心包容其缺点。责难之心少有，宽容之心多些。

缺陷和不足是人人都有的，但

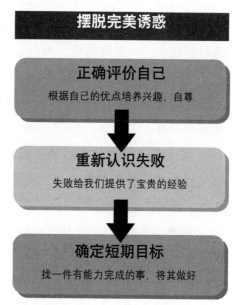

**摆脱完美诱惑**

**正确评价自己**
根据自己的优点培养兴趣、自尊

**重新认识失败**
失败给我们提供了宝贵的经验

**确定短期目标**
找一件有能力完成的事，将其做好

是作为独立的个体，你要相信，你有许多与众不同甚至优于别人的地方，你要用自己特有的形象装点这个丰富多彩的世界。

很多人因为自己的缺陷和不足自怨自艾，从而丧失了自信，变得自卑。

金无足赤，人无完人。没有一个人是完美无瑕的，难道有缺点和不足就注定要悲哀，要默默无闻，无法成就大事吗？其实，只要你把"缺陷、不足"这块堵在心口上的石头放下来，别过分地去关注它，它也就不会成为你的障碍。

不要因为不完美而恨自己。你有很多的朋友，他们没有一个是十全十美的。那些伪装完美、追求完美的人，其实正在拿自己一生的幸福开玩笑。

世界上根本没有完美，正是因为有了缺憾，才使我们整个生命有了追求前进的动力。珍惜缺憾，它就是下一个完美。

# 没有完全准备好的旅途

一位胆小如鼠的骑士将要进行一次远途旅行。他竭尽所能准备好应付旅途中可能遇到的各种问题。他带了一把宝剑和一副盔甲，为的是对付他遇到的敌手；一大瓶药膏，为防止太阳晒伤皮肤或被藤条刮伤皮肤；一把斧子，用来砍木柴；一顶帐篷、一条毯子、锅和盘子以及喂马的草料等等。

他终于上路了——叮叮，当当，咕咕，咚咚，好像一座难以移动的废物堆一样。

当他走到一座破木桥的中间时，桥板突然塌陷，他和他的马都掉入河中淹死了。临死前那一刻，他很懊悔，报怨忘了带一个救生筏。

故事中的骑士到死也没有醒悟，他所想到的方法只会让他更进一步陷入死亡的深潭。无论多么完美的想法都无法让他实现对完美的追求，因为，生活中每一件事都想做得完完美美的人，结局注定悲哀。

世界上根本没有一次完全准备好的旅途。等你全部准备好了，恐怕事情本身已经没有任何意义了。一个人要想永远立于不败之地，光有细致周全的计划是不够的，还必须敢于在一次又一次的挑战中战胜自己，这种挑战就包含战胜自己对完美的追求心。

韦伯快40岁了，他最大的心愿就是早点结婚，过上充满爱情的甜蜜生活。不久，他终于找到了一个梦寐以求的好女孩，她端庄大方、聪明漂亮又体贴。但是，韦伯还要证明这件事是否十全十美，有一天晚上，当他们讨论婚姻大事时，新娘无意中说了几句坦白的话，韦伯听了有点懊恼。

为了确定他是否已经找到理想的对象，韦伯绞尽脑汁写了一份长达4页的婚约，要女友签字同意以后才结婚。这份文件整齐而又漂亮，看起来冠冕堂皇，内容包括他能想象到的每一个生活细节。其中一部分是关于宗教方面的，里面提到了上教堂的次数，每一次奉献金的多少；另一部分与孩子有关，提到他们一共要生几个小孩，在什么时候生。

他把他们未来的朋友、他太太的职业、将来住在哪里等等，都不厌其烦地事先计划好了。在文中末尾又用了半页篇幅，详列女方必须戒除或必须养成的习惯，例如戒烟、戒酒等等。

准新娘看完这份文件，勃然大怒。她不但把它退回，又附了一张便条，上面写道："普通婚约上有'有福同享，有难同当'这一条，对任何人都适用，当然对我也适用。我们从此一刀两断！"

于是，韦伯又开始了他等待新娘的人生。

心理学研究证明，试图达到完美境界的人与他们可能获得成功的机会恰恰成反比。追求完美给人带来莫大的焦虑、沮丧和压抑。事情刚开始，他们就担心着失败，生怕干得不够漂亮而辗转不安，这就妨碍了他们全力以赴去取得成功。而一旦遭到失败，他们就会异常灰心，想尽快从失败的境遇中逃避开去。他们没有从失败中获取任何教训，而只是想方设法让自己避免尴尬的场面。

很显然，背负着如此沉重的精神包袱，不用说在事业上谋求成功，就是在自尊心、家庭问题、人际关系等方面，也不可能取得满意的效果。他们抱着一种不正确和不合逻辑的态度对待生活和工作，他们永远无法让自己感到满足，每天都是焦灼不安的。

如何从追求尽善尽美的诱惑中摆脱出来，心理学家认为应做到以下几点：

### 第一，要正确评估自己的潜能。

⊙没有完美的人生，只有相对完美的行动。

既不要估得太高，也不必过于自卑。有一分热，发一分光。如果事事要求完美，这种心理本身就成为你做事的障碍。不要在自己的短处上去与人竞争，而是要在自己长处上培养起自尊、自豪和工作的兴趣。

### 第二，重新认识"失败"和"瑕疵"。

一次乃至多次的失败并不能说明一个人价值的大小。仔细想一下，如果从不经历失败，我们能真正认识生活的真谛吗？我们也许一无所知，沾沾自喜于愚蠢的无知中。因为成功仅仅只能坚定期望的信念，而失败则给了我们独一无二的宝贵经验。

人只有经受住失败的悲哀才能到达成功的巅峰，亡羊补牢，犹为未晚，更不必为了一件事未做到尽善尽美的程度而自怨自艾。没有"瑕疵"的事物是不存在的，盲目地追求一个虚幻的境界只能是劳而无功。我们不妨问一问："我们真的能做到尽善尽美吗？"既然不行，我们就应该尽快放弃这种想法。

### 第三，为自己确定一个短期的目标。

找一件自己完全有能力做好的事，然后去把它做好。这样你的心情就会轻松自然，办事也会较有信心，感到自己更有创造力和更有成效。实际上，你不追求出类拔萃，而只是希望表现良好时，你会出乎意料地取得最佳的成绩。

目标切合实际的好处不仅于此，它还为你提供了一个新的起点，能使你循序渐进地摘取事业上的桂冠。同时你的生活也会因此而丰富起来，变得富有色彩，充满人情味，并不像你原来所想的那样暗淡。

## 不行就停，不能硬撑

有一个人非常热衷于登山，他有幸加入了攀登珠穆朗玛峰的活动。到了 7800 米的高度时，他支持不住了，便停了下来。当他回去讲起这段经历时，大家都替他惋惜：为什么不再坚持一下呢？再往上攀一点点，就能爬到顶峰了！

"不，我最清楚，7800 米的海拔是我登山生涯的极限，我不会为此感到遗憾的。"他很平静地说。

这个人是明智的。他了解自己的能力，没有为了追求完美而勉强自己，所以能够平安归来。而那些追求完美的人，往往都在还没有衡量清楚自己的能力、兴趣之前，便一头栽在一个过于高远的目标里，每天受着辛苦和疲惫的折磨。他们希望获得他人的掌声和赞美，博得别人的羡慕，为此，便将自己推向完美的边界，做什么事都要尽善尽美。久而久之，生活便成了负担，工作当然也毫无意义可言。

金无足赤，人无完人，我们都应该认识到自己的不完美。全世界最出色的足球运动员，10 次传球，也有 4 次失误；最棒的股票投资专家，也有马失前蹄的时候。既然连最优秀的人做自己最擅长的工作都不能尽善尽美，那么一个普通人的失误又有什么不能原谅的呢？

只要你知道这世界上没有什么会达到"完美"的境地，你就不必设定荒谬的完美标准来为难自己了。你只要尽自己最大的努力去干好每件事，就已经是很大的成功了。

从前有一位画家，想画出一幅人人都喜欢的画。经过几个月的辛苦工作，他把画好的作品拿到市场上去，在画旁放了一支笔，并附上说明：亲爱的朋友，如果你认为这幅画哪里有欠佳之笔，请在画中标上记号。

晚上，画家取回画时，发现整个画面都涂满了记号——没有一笔一画不被指责。画家心中十分不快，对自己的画技深感失望。他决定换一种方法再去试试，于是他又摹了一张同样的画到市场上展出。可这一次，他要求每位观赏者将其最为欣赏的妙笔都标上记号。结果一切被指责过的地方，如今全换上了赞美的标记。

最后，画家不无感慨地说："我现在终于明白了，无论自己做什么，只要使一部分人满意就足够了。因为，在有些人看来是丑的东西，在另一些人的眼里恰恰是美好的。"

在人生中，不是所有东西都让人满意，绝对不可能达到至善至美的境界。完美往往只会成为人生的负担，人绷紧了完美的弦，它却可能发不出声音来。

电影《心灵补白》中有一句经典台词："这个世界上没有完美的人，你不完美，我不完美，重要的是我们能否完美地走到一起。"其实，在茫茫宇宙中，有哪一种生命、哪一种创造是完美的？在人生的旅途中，如果沉溺于对完美的幻想中，我们只能永远呆坐在时间的岸边，做一名旁观者。

⊙ 人生不可能达到至善至美，完美往往只会成为人的负担。

# 虚伪：

## 说和做是两回事

虚伪促使人们把自己的罪恶伪装起来，从而避免别人的责备。

## 小刘的"伪装"

　　小李和小刘是大学时的同学，毕业后在同一家国有企业工作，由于父亲在后面"活动"了一下，小刘混了个一官半职。这样，小刘便成了小李的上司。小刘总爱在人前人后以小李的"老朋友"自居。但无论在学业或才能上，小李都比小刘稍胜一筹，小刘不知是心虚，对自己的能力不自信，还是怕小李厚积薄发，超越自己，时常在员工面前说："我这老朋友有能力。"

　　工作中，小李经常获得各式各样的先进奖状，小刘总会对他说："你脑瓜这么好使，叫咱这样的老脸往哪儿搁呀？"在背后，小刘开玩笑似的对其他员工说："小李拍马屁的功夫肯定是家传的，否则怎么会弄得领导们那样服服帖帖，双手将奖状奉承给他！"

小刘除了到处宣扬小李是"拍马屁世家"的嫡传弟子外，还不失时机地挫伤小李的锐气。例如，小李在开业务会议时提出新的推销方案，小刘便会打着哈欠，眯着眼说："看看我们的天才这次又有什么发人深省的创意了！"

小刘一方面以小李的"老朋友"自居，一方面又不断地暗中诽谤、中伤小李。

由于小刘时常强调自己与小李是老朋友，加上他是小李的顶头上司，旁观的人便以为小刘对小李的揶揄及诽谤只不过是同事善意的捉弄，因此小刘愈来愈起劲。

小李被小刘的老友身份弄糊涂了。他一直容忍小刘对自己造成的伤害，因为他也不知道这是伤害还是玩笑，如果是伤害，他们是老朋友，而且平时也挺和气的，再说是上下级，犯不着这样啊；如果是玩笑，也不至于这么频繁地开玩笑啊。

像小刘这样的人声称是别人的好朋友，暗中打自己的小算盘，善于察言观色，脸皮很厚，谋求在交际中留个好名声。一方面在下属面前留下好口碑，在工作上也好讨价还价，以使公司的领导给他们以晋升或增加工资的机会。或者他们在工作上不安分，但却热衷于往上司

⊙ 虚伪就是把罪恶用美德的外表掩盖起来。

那儿跑，为的是和上司套近乎，不是凭工作成绩得到上司的重用和提拔，而是想通过和上司的私人关系去得到好处。

这样的人最大的特点就是嘴甜、心细、脸皮厚，即使是做错了事，他也往往会把责任转嫁和推卸到其他人身上去，而一旦有了功劳，他又会极力地吹嘘自己的贡献和成绩，生怕上司不知道。上司在场和不在场，他们的表现完全不一样，上司在的时候，他肯定是最勤劳的一个，连脸上的汗水他也不会去擦，就是想给上司一个好印象；上司一旦离开，他肯定要去一旁休息了。

## 虚伪是人性中最丑恶的弱点

虚伪就是不真实、不实在、弄虚作假。虚伪就是口是心非、表里不一、口蜜腹剑。朋友想要请客，心中明明高兴得要死，嘴上却说："多不好意思，老让你破费"；学校号召为灾区捐款，心中明明一百个不乐意，嘴上却说："灾区人民太苦了，这钱我早就想捐"；领导提出了一项决策，明明心里持不同意见，嘴上却说："这是多么英明的决定啊！"；挨了领导批评，被罚了款，明明心里很不舒服，嘴上却说："多亏领导的帮助，要不我不会对错误认识这么深"；领导或是同事能力不强，心中明明瞧不起他，嘴上却说："你能力很强，水平真高"；朋友找你去帮忙，明明心中不想去，嘴上却说："就这点小事，我一定帮你办到。"……

细心的人可以发现，每个例子中都运用了"……明明……却……"的句式。的确，这就是虚伪的实质。也就是说，当你的言行举止与你自身的主观意愿相违背时，就是虚伪。

自古以来，很多哲学家都在讨论人性究竟是不是虚伪的这个问题。我们在这里不需要讨论这个问题，那是哲学家的事。但我们必须承认，在我们身边确实有很多虚伪的人。那么，人为什么会虚伪？虚荣心理、功利心理和对别人极度不信任的心理是导致虚伪产生的最主要的原因。

**导致虚伪的因素**

虚荣心理

功得心理

对他人不信任心理

从众心理

攀比心理

虚荣是什么？虚荣是虚无缥缈的荣耀、荣誉。在残酷的现实中，找不到能够满足虚荣心的东西，也就是说，真的东西永远是残酷的，会伤害到那颗虚荣的心。这时，虚荣的人就想到了一条妙计，那就是用一些假的东西来满足自己的虚荣心，这些假东西就是虚伪；做一个真君子往往是会让人生厌的，因为真话往往会刺到人的痛处。这时，人们又想到了一条妙计，那就是用阿谀奉承、溜须拍马、天花乱坠的谎话来欺骗别人，这就是虚伪；人一生不可能不犯错，只要有错就有小辫子。为了不让别人抓住自己的小辫子，为了能够保住自己的利益，这时，人们又想到了一条妙计，那就是用美丽的谎言来给自己编织一个动人的故事，这就是虚伪。

从众心理、攀比心理等也都是造成人性虚伪的原因。

虚伪好像是无可厚非的，因为从现实生活中我们似乎并不能找出因为虚伪而产生的危害。大多数人认为虚伪只不过从道德上说不过去，实际并没什么大的危害。可是，这种想法是错的。因为，一个人不管他虚伪不虚伪，他都永远不愿意和一个很虚伪的人做朋友；虚伪会让你活得很累，因为你每天都要为自己编织各种各样的谎言；虚伪会让你心灵疲惫，因为你每天都要面对那些不如意的事情强颜欢笑；虚伪会让你很迷茫，因为你不知道别人是不是也很虚伪，你不知道他们说的那些东西有哪些可以相信。总之，虚伪是人性中最丑恶的弱点，它像黑暗里的一只虫子，一点点地、慢慢地吞噬着人的灵魂，夺走人的快乐和幸福。

# 真诚是朋友交往的基础

做人不可失去诚信，交友不可失去信任，这是朋友之间的交往准则。

诚实是做人的基本品质，是人们相互信赖和友好交往的基石。每个人都喜欢同诚实正派的人打交道，因为这样的人可以给人安全感，不必心存疑虑。

为人诚实表现在与朋友交往中，就是以诚相待，说实话、办实事、做老实人。对朋友不可虚情假意，也不可口是心非，切忌对朋友耍小心眼，耍小聪明。

为人诚实，就是要诚实地对待朋友，当朋友真诚地与你交往，关心你，爱护你的时候，要以同样的真诚，甚至更多真诚的言行去回报朋友。滴水之恩，当涌泉相报，这样以心换心，朋友之间的友情必然是根深叶茂。

汉代有一位名叫朱晖的人，在其读书的时候，结识了一位大官名叫张堪，恰好两人是同乡，张堪很器重他。但朱晖认为自己只是一名太学生，不敢与人交往过密。有一次，张堪对朱晖说，你真是一个自持的人，值得信赖，我愿把身家和妻儿托付给你。因为张堪是一位德高望重的前辈，朱晖对此重言不知如何反应，只是恭敬地拱手相应。后来，张堪死了，因为为官清廉，死后没留下什么丰厚的遗产。朱晖其时早已与张堪不通音讯，但知道张堪去世的消息后，感于张堪的知遇之恩，便千方百计地对其家人济以钱粮，并经常去问寒问暖。朱晖的儿子不解地问："父亲，我们以前没有听说过你与张堪有什么厚交，你为什么如此厚待他的家人？"朱晖说："张堪生前曾对我有知己相托之言，我当时已答应了，做人不能欺骗别人，更不能欺骗自己。"朱晖还有一个朋友叫陈揖，两人也十分投机，陈揖过早谢世，留下了一个遗腹子陈友。朱晖在陈揖去世后，尽一切力量帮陈揖尽父责。有

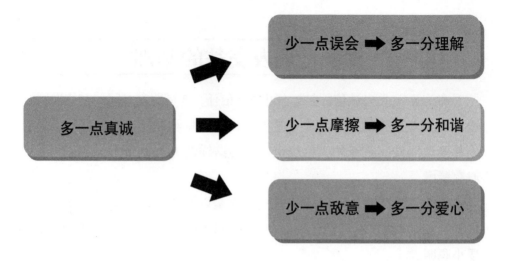

一次，南阳太守召朱晖的儿子去当僚属，朱晖却换下了自己的儿子而举荐陈揖的儿子陈友。

朱晖忠诚于朋友可谓达到了极致，为人正直诚恳、言行一致、表里如一，堪称典范。

诚信不需要语言，没有约定的诚信往往比有约定的诚信高出千倍。

诚信不是写在脸上的，也不是挂在嘴边的，而是要求你学会用一种对人、对己负责的态度去面对一切，这是一个追求成功的人必须具备的品质。当你失去了这种宝贵的品质和优势时，到头来只能自食其果。

## 真诚是人与人相处的润滑剂

人是很容易被感动的，而感动一个人靠的未必都是慷慨的施舍、巨大的投入。往往一句热情的问候、一个温馨的微笑，就足以唤醒一颗冷漠的心。

20 世纪 30 年代，在德国的一个小镇上，有一个犹太传教士，每天早晨总是按时在一条幽静的小路上散步。不论见到谁，他总会热情地打一声招呼：早安！

小镇上一个叫米勒的年轻人，对传教士每天早晨的问候反应很冷淡，甚至连头都不点一下。然而，面对米勒的冷漠，传教士未曾改变他的热情，每天早晨依然给这个年轻人道早安。几年以后，德国纳粹党上台执政。传教士和镇上的犹太人，都被纳粹党集中起来，送往集中营。下了火车，列队前行的时候，有一个手拿指挥棒的军官，在队列前挥舞着指挥棒，叫道："左、右。"指向左边的将被处死，指向右边的则有生还的希望。轮到点传教士的名字了。当他无望地抬起头来，眼睛一下子与军官的眼睛相遇了。传教士不由自主地脱口而出：早安，米勒先生。

米勒虽然板着一副冷酷的面孔，但仍禁不住说了一声：早安。声音低得只有他们两人才能听到。然后，米勒果断地将指挥棒往右边一指。

传教士获得了生的希望……

在美国南北战争期间，有位小伙子找到林肯，要求总统开一张去南方的通行证。

林肯说："战争正在进行，你去南方干什么呢？"

小伙子说："去探亲。"

"那你一定是个北方派，你去劝说一下你的亲友们，让他们放下武器。"林肯高兴地说。

那小伙子说："不！我是个南方派，我要去鼓励他们，要他们坚持到底，

⊙真诚是人与人交往的基础，你怎样对待别人就会得到怎样的回报。

绝不放弃。"

林肯很不高兴，"你以为我会给你通行证吗？"

小伙子沉着地说："总统先生，我在学校读书时，老师就给我们讲林肯的故事，从此，我便下定决心要学习林肯，一辈子不说谎。我不能为了一张通行证而改变自己说话、做事要坚持的原则。"

林肯被小伙子诚挚的话语打动了，他在一张卡片上写道："请让这位小伙子通行，因为他是一位信得过的人。"

没有人不喜欢真诚，有了这张通行证，你就会在生活中畅通无阻、一帆风顺。

人与人之间相处的润滑剂就是真诚，对待每一个人都一样，以真诚为标准严格要求自己。生活是一面镜子，你真正付出了，才会有收获，真诚对待每一个人，每一个人才会真诚地对待你。

完善的人格魅力，其基本点就是真诚。待人心诚一点，守信一点，能更多地获得他人的信赖与理解，能得到更多的支持与合作，由此可以获得更多的成功机会。

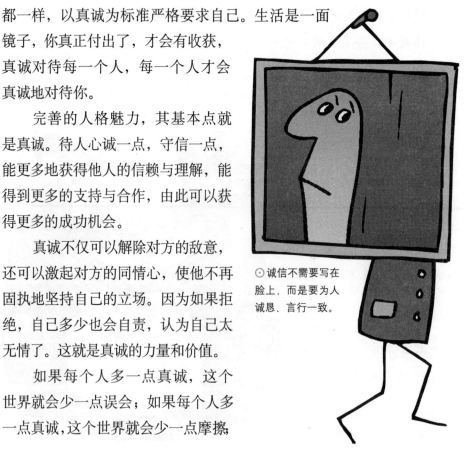

⊙诚信不需要写在脸上，而是要为人诚恳、言行一致。

真诚不仅可以解除对方的敌意，还可以激起对方的同情心，使他不再固执地坚持自己的立场。因为如果拒绝，自己多少也会自责，认为自己太无情了。这就是真诚的力量和价值。

如果每个人多一点真诚，这个世界就会少一点误会；如果每个人多一点真诚,这个世界就会少一点摩擦；

如果每个人多一点真诚，这个世界就会多一点和谐；如果每个人多一点真诚，这个世界就会多一点关怀与爱心。

# 虚伪之事无大小

有一名教授深受学生喜爱，因为他平日里治学严谨，为人谦和，不媚不俗。

这个教授在一次讲课时，讲了一个十分精彩的观点，这个观点是他从别处看到的，没等他说明下课铃就响了。在这个学校，要求学校的每个老师和学生不能以任何形式剽窃别人的成果，即使是老师在上课时所讲的内容，如果引用了别人的话，都必须明确指出，如不指出，便作为一种剽窃行为。所以，当这个教授下课后，有一个学生便向校长反映，说那个教授在上课时用了某个著名学者的观点，但没有交代出处。校长便找到这个教授核对，那个教授承认了自己的失误，便立即提出辞职。由于其他教授的极力挽留，最后学校决定撤销他的主任职务。第二天，

| 如何克服虚伪 | |
| --- | --- |
| 认识诚信的力量 | 诚信永远不过时，只有诚信才能给你带来真正的财富。 |
| 不再说谎话 | 努力锻炼自己不再说谎话，不管是善意的谎言还是恶意的谎言。 |
| 逃避主义 | 宁肯选择逃避，绝不选择虚伪。 |
| 把什么都写在脸上 | 高兴就是高兴，不高兴就是不高兴，没必要掩饰自己的情感。 |
| 体会一天 | 不妨试着摘掉虚伪的面具一天，也许你会从此喜欢上这种感觉。 |

这个教授上课时，第一件事就是向学生道歉。

在这件事情中，无论是那个学生，还是校长，抑或那个失误的教授，都表现出了一种对虚伪的摒弃。那个学生并不因为教授有名气便原谅他的不诚实，哪怕他并不是故意的；校长也并不因为这个教授有名气，便原谅他的失误；教授也不因为失误，便找种种借口开脱自己。其实，学生、校长和教授，所不能容忍的不是这件小事，而是不能容忍哪怕是半点的虚伪，无论这种虚伪来自有意还是无意。因为他们认为，如果容忍了无意的虚伪，便是对真诚的一种亵渎。

无论在怎样的情况下，做人都应该真诚，不应当虚伪，这是每个人都明白的道理。可是我们生活中却有很多不尽如人意的现象存在。当我们读了那个教授的故事后就会发现，只有不断地清理自己的心灵，让自己的内心深处多一些真诚，少一些虚伪，才能成为一个真正大度的人。我们应该向那个指出教授不诚实的学生报以敬意，我们应该对那个校长给予赞扬，当然，我们更应该向那个不因为失误而宽容虚伪的教授致以深深的敬意。

# 虚幻:

## 缺少现实根据的幻想

人们对虚幻总是持一种鄙夷的、不屑的看法，但实际上，每个人都无法摆脱虚幻的纠缠。只因为虚幻是人类的天性，而且能带来暂时的心理满足。

## 虚幻是人类的天性

电影中我们常可看到这样的场景：主人公凄凉无助地躺在一间破旧的房子里，衣衫褴褛，双眼紧闭，脸上却流露出无限幸福的表情。他在干吗？观众们对这一切早已见怪不怪：此君正在空想！

果然，银幕上接着就出现了一幕幕似真似幻的场景：主人公身披锦衣，口享玉食，神采飞扬，像个家财万贯的富贵公子，又像个英俊年少的英雄侠客，潇洒自如地漫步在花园般的丛林里，身边自然少不了他日思夜想的意中人——一位娇媚可人的大美女紧紧依偎着，脉脉含情的美目中满是仰慕与爱恋……

这样的场景何止仅出现在电影里，生活中也大抵如此：想入非非、胡思乱想、想当然……

人们对虚幻总是持一种鄙夷的、不屑的看法，但实际上，每个人都无法摆脱虚幻的纠缠。只因为虚幻是人类的天性，而且能带来暂时的心理满足。

人在社会上生存，衣食住行都需要去努力争取，人要与天斗，与地斗，更要与人斗，其压力之大可以想见！

但如果人活着仅仅是为了衣食住行，那么人跟动物的区别也就不大了，人也就不成其为人了。可以说，人的欲望是无限的，功与名，爱与恨，得与失……从好处说，人的各种各样的欲望推动了人类文明的进步，促使人类永不停步地发展；从坏处说，过度的欲望却会毁灭一个人，因为个人的力量是有限的。个人总是要受到社会的制约，不可能什么欲望都可以实现。

由此，失意、失落、挫折、失败便开始困扰人类了。欲望得不到满足，便郁结于胸，久而久之，就有可能导致一个人精神和心理上的病变。

怎么办？

人是地球上万物的灵长，是充满智慧的动物，他必须寻求一个发泄的渠道，将种种因欲望得不到满足而造成的失落和郁闷发泄出去，于是，虚幻便产生了。弗洛伊德将虚幻命名为"白日梦"。他认为，白日梦就是人在现实生活中由于欲望得不到满

⊙虚幻的东西不论多么美好都只是空中楼阁。

足，通过一系列的遐想，幻想在心理上实现欲望，从而为自己在虚无中寻求到某种心理上的平衡。

现实生活中，我们经常会遇到这样的人，也许我们自己就是。

虚幻从童年起就开始伴随着人类的成长。一个小孩子如果得不到父母的疼爱，就会产生感情上的失落，就会通过虚幻来寻求平衡和满足。全

⊙ 虚幻是人类的天性。

世界的小孩子都会玩一种游戏：扮家家。在这个游戏里，每个小孩子都在扮演着一个成年人的角色。心理学家分析，小孩子在游戏中所扮演的角色恰恰是他在现实生活中最渴望成为却无法得到的角色。

比如说，某个小孩在家庭里缺少温暖和疼爱，在游戏中他就会扮演一个备受疼爱的孩子，尽情地从他的长辈——另两个扮演父母的孩子身上获取感情上的补偿。他因此会得到极大的快乐和幸福。这一切，他在现实生活中是无法得到的。

这正是游戏的魅力。

游戏给虚幻提供了一个暂时获得实现的场景，即便这种实现是不存在的。

我们知道，虚幻是人类的天性。人性是复杂的，可以说是奥妙无穷的。古往今来，有多少充满智慧的人都为人性的不可捉摸而伤透了脑筋。

人性的微妙在于它总是具有两面性。换句话说，虚幻有好的一面，也有糟糕的一面。生活中，人们总是轻而易举地走向糟糕的一面，而要走向好的一面却难如登天。这是人类的惰性使然。

# 你追求的虚幻只是空中楼阁

从前，在某一个角落里，住着一群非常"聪明"的老鼠。这天，老鼠们聚在一起开会，商量如何对付他们的死敌——可恶的猫。这次会议成了一场声讨大会，所有参会的老鼠都义愤填膺，列举出了猫的种种罪行。

这时，一只老鼠站了起来，大声说："现在我们必须要想一个好办法，确保我们当中不再有谁被猫吃掉。现在我提议，我们不如做一个铃铛，然后把铃铛拴在猫的脖子上。这样一来，每次猫在接近的时候，我们都会有所察觉。"

话刚说完，所有的老鼠都表示同意，一个个摩拳擦掌，跃跃欲试。突然，不知是谁小声说了一句："那……这个铃铛由谁来挂呢？"全场顿时鸦雀无声，老鼠们一个个都变成了哑巴。

最后，这场会议不欢而散，老鼠们最终还是没能摆脱被猫吃的命运。

虚幻很可怕，可以让人产生臆想甚至狂想，最终把人带向毁灭。从心理学角度来讲，虚幻属于"幻想"的一种。它是一种消极的幻想，是那种使人脱离实际、完全用愿望来代替行动的幻想。

产生"虚幻"的原因大致可分为两种：一种是人的自我意识发育不成熟，导致思维上产生障碍；另一种则是因为人对现实生活状况不满，从而产生出各种满足自己需要的幻想。

其实，属于第一种的人毕竟是少数，大多数人都是属于那种麻痹自己、

| 虚幻产生的原因 | |
| --- | --- |
| 生理原因 | 人的自我意识发育不成熟，导致思维上产生障碍。 |
| 心理原因 | 人对现实状况不满，从而产生了各种满足自己需要的幻想。 |

满足自己，从而逃避现实的"虚幻主义者"。

人在社会上生存，和其他动物一样，都需要努力去争取属于自己的生存权利。在现实生活中，人要和自然抗争，也要和同类抗争，所以人类承受的压力是相当大的。可是，人类和其他动物还有一个根本的区别，那就是人类具有欲望，对功名的欲望，对权利的欲望，对金钱的欲望，对爱情的欲望……这些欲望一方面促进了人类文明的发展，而另一方面也摧毁了某些人的一生。

人的欲望是无止境的，但人的力量却是有限的，所以当人类遇到困难、失意、失败和失落的时候，就有可能导致一个人在精神和心理上产生病变，而"虚幻"就属于这种病态的心理。

因此，我们不妨下这样一个结论：凡是虚幻主义者，都不愿意生活在现实的生活中。他们会被虚幻蒙住眼睛，会被虚幻捆住手脚，会成为一个"只想出头，不愿埋头"的人。他们的一生都将生活在遗憾、叹惜、哀怨和愤怒之中。

其实，虚幻本身并没有错，但是如果他和人的其他性格联系在一起，那势必会影响和支配个人的行为和思想，因为凡是喜好虚幻的人的其他性格必然也表现得比较懦弱。

## 不停留在幻想上

有一个很落魄的青年人，每隔三两天就到教堂祈祷，而他的祷告词几乎每次都相同。

第一次，他来到教堂，跪在圣坛前，虔诚地低语："上帝啊，请念在我敬畏您多年的份儿上，让我中一次彩票吧！"

几天后，他又垂头丧气地回到教堂，同样跪着祈祷："上帝啊，为何不让我中彩呢？请您让我中一次彩票吧！"又过了几天，他再次去教堂，同样重复他的祈祷。如此周而复始，不间断地祈求着，直到最后一次，他跪着说："我的上帝，为何您听不到我的祈求？让我中彩票吧！只要一次就够了……"就在这时，圣坛上突然发出了一个洪亮的声音："我一直在垂听你的祷告，可是，最起码你也应该先去买一张彩票吧！"

任何时候，只具备完美的计划与决策是远远不够的，成功的关键是积极的行动。人生事业的建立，不只是能知，更在于能行。即使拥有再伟大的目标，如果不付诸行动，也只是画饼充饥。伟大的艺术家米开朗琪罗曾看着一块雕坏了的石头说："这块石头里有一个天使，我必须把她释放出来。"于是，就有了著名的维纳斯雕像。

许多人往往只是看见梦想，却从不采取行动。所以，著名的成功学家布莱克说："只想不做的人只能生产思想垃圾，成功是一把梯子，双手插在口袋里的人是爬不上去的。"

# 小鱼也虚幻

一条生活在大海里的鱼，总感到没有意思，一心想找个机会离开大海。一天，它被渔夫打捞上来，高兴得在网里摇头摆尾，"这回可好啦！总算逃出了苦海，可以自由呼吸了"。

它蹦得的确很高。当听到渔夫与他儿子议论着用什么方法将它烹饪的时候，它重重地摔了下来——它昏了。

醒来时，鱼发现自己竟仍在水中，一口破旧的水缸。它那身漂亮的斑纹救了它。渔夫决定将它养起来，少吃一条鱼实在无所谓，何况它是一条多么美丽的鱼啊！

鱼在那只破水缸里欢畅地游来游去。缸很小，太小了，可它仍不停地游。

每天，渔夫总会往水缸里放些鱼虫，鱼很高兴。不停地晃动着身子，展示漂亮的服饰，讨渔夫欢喜。渔夫真的乐了，又撒下一大把鱼虫，鱼大口地吃着，累了则可以停下打个盹。鱼儿开始庆幸自己的命运，庆幸现在的生活，庆幸自己的一身花衣。想到当初在海中，每天不得不自己出去寻找食物，还得时时提防大敌的突然袭击。那些朋友可能已几天没吃过东西，也可能已成了他人的腹中之物。想到这里，它大口咽下一群鱼

⊙脚踏实地的发言才会更有分量。

虫，自言自语道：这才是生活。

在它眼中，这分明是一条漂亮的鱼应得的待遇。

日子一天一天地过，鱼儿一天一天地游。它似乎有些厌倦，但还是不愿回到海里。"我是一条漂亮的鱼。"它总这么对自己说。

渔夫要出海了，这次可是出远海，十天半月才能回家，留下儿子一人。第一天，鱼没按时吃到鱼虫。第二天，依然没有吃的，它开始抱怨渔夫的儿子竟这样怠慢一条漂亮的鱼。第三天，它渐渐支持不住了，饿得发慌。想到在海中，十天找不到食物，它依然行动敏捷，现在身子是发了福，游水的本领大不如前了。第四天，终于有吃的了，不是鱼虫，而是渔夫的儿子吃剩的残羹。顾不上嫌弃，鱼大嚼起来。它实在饿得不行了。渔夫的儿子总是隔三岔五地送些残羹，鱼儿抱怨不停。

终于，消息传来，渔夫出海遇难了。渔夫的儿子收拾东西搬走了，什么都带上了，只忘了那条漂亮的鱼。鱼在缸里大喊："嗨！带上我，别丢下我！"没人理它。

四周静悄悄，只剩下一口破水缸，一条漂亮的鱼。

| 如何克服虚幻 | |
|---|---|
| 端正态度，树立正确的人生观、价值观 | 不要被利益蒙住眼睛，记住那句话："行行处状元。" |
| 不断锤炼自己的意志力 | 当虚幻来袭时，你应该暗示自己、命令自己，使自己逐渐摆脱它。 |
| 学会"一心二用" | 当你陷入虚幻的泥潭时，不妨去做一些自己感兴趣或是擅长的事，那样的话你的信心就会逐渐增强，虚幻也会一点点被击退。 |
| 正视现实 | 现实可能会令人不满意，但是它毕竟是实在的，想象中的东西只有落实到现实上才具有真正的意义。 |
| 努力做好每一件事，再也不去想入非非 | 成功是经过一点一滴的努力来实现的，只有这样做，你才能品尝到胜利的滋味。 |

想到昔日渔夫待它实在不薄，现在却遇难身亡，鱼十分难过；想到自己今后无人照料，困于水缸，它更是悲伤极了。

鱼抱怨，抱怨水缸太小，抱怨伙食太差，抱怨渔夫儿子对它无礼，抱怨渔夫轻易出海，甚至抱怨它决意离开大海时伙伴们为何不加劝阻，抱怨它所认识的一切，只忘了抱怨它自己。

它又开始幻想：一个富商路过此处，发现一条漂亮的鱼，于是把它小心地收好，养在家中的大水塘，每天都有可口的鱼虫……

太阳升起来了，四周静悄悄的，只剩下一口破水缸，一条漂亮的鱼，只是这条漂亮的鱼已经死了。

生活就是这样，你可以选择在属于自己的空间里自由翱翔。任何爱慕虚荣，幻想在别人的世界里得到幸福的人，永远找不回自己真正的生活，只能是被生活的浪涛淘汰。

# 苟求回报:

## 为了回报做事

一些人不想表现得比别人觉悟低，于是开始主动或被动地做好事。但是，这些人心底是有目的的，那就是要求被帮助的对象常怀感恩之心。如果没有得到预期的回报，这些人就会表现出失落，甚至怀疑帮助行为的正当性。希望回报，这没有错。但是，当获得回报成了苟求、成了目的的时候，就有点变味了，而更过分的是博取众人的同情。

## 博取同情也是苟求回报

有一些人总觉得自己很不幸，经常想通过博取大家的同情来显得自己受重视：想拉住任何人谈论自己的困扰；以自我为中心批评其他的人、事；不想听到有关别人比你好的表现，而非常投入地谈论令你愉快的事情。

这种强烈获取别人同情的人也许与儿时的某些经历有关。通常，孩童时期是造成苛求同情的主要时期。

有一个女孩，她在 7 岁的时候得了小儿麻痹症，并留下明显的后遗症，走路异于常人。每个人都为她难过，包括她的父母、老师和姊妹。她听到他们在说："这个可怜的女孩长大以后会怎么样呀？"心里颇感安慰，并觉得他人应该凡事让着她。

学校里的小朋友可不像他们这样富有同情心。因为不能跑或走得快一点，所以他们可能没法让她一起玩游戏。她的父母为了补偿这一点，只好买昂贵的玩具给她，或为她举办一个隆重的生日宴会，使别的小孩都非常羡慕。

虽然她自己也不知道，但她的潜意识已经作了两项结论：第一，只要她提起自己的缺陷，一定可以从家人身上得到足够的爱；第二，只有别人为她难过，或她有什么别人想要得到的东西的时候，别人才会爱她。

这个女孩得了小儿麻痹症，对她而言这是一个创伤，而她的生活发生了变化，则完全是由她家人促成的。他们认为一个跛足的女孩子根本不可能过正常人的生活，这种信念通过他们的行为而得到增强，最后终于变成了事实。她一直到 30 岁还抱着这种想法，认为自己根本完全无望。

刚开始的时候，一件不幸的事情发生在女孩身上确实让人同情，但就是别人毫无原则毫无保留的同情导致了她的自怜并且以苛求同情为生。也有与小女孩不同的情形，有些人苛求同情完全是自己培养出来的。

| 为什么会苛求回报 | |
| --- | --- |
| 自私 | 从来不考虑他人的利益是否受到损害。 |
| 贪婪 | 对得益和回报的渴望永无止境。 |
| 急功近利 | 眼里只能容下利益。 |

有一个学生在运动方面并不擅长，他觉得别人一定会因此笑他，所以他决定跟别人一起笑自己。他变成了班上的小丑，但他每一次戏谑自己的时候，都增强了同一个意念，就是认为自己一文不值——如果不好好表演的话，可能就没有人喜欢他了。

有的孩子每次生病的时候，父母总是会小题大做，显得非常担忧，其实他得的并不是什么严重的大病。为了得到饼干和同情，他开始夸

⊙真心的给予不求回报。

大自己的症状，最后变成了一个自怜者，时常担心和怀疑自己有生理上的疾病。他做什么事情的时候，都觉得"不太舒服"——赢得别人的同情，对他而言是莫大的满足。

不过这个孩子觉得这样还不够，因为别人还"不够"关心他，别人对他的痛苦留下的印象"不够"深刻。他每次做出想赢得别人同情的行为，就愈需要别人的同情，这种需要变成了无底洞，再也不可能填满了。同时，他把所有时间都浪费在争取别人的同情上，再也没有余暇顾及其他的事情了。

每个苛求同情的人都觉得自己有一项无可弥补的缺陷，并且会因这项缺陷而失去获得幸福和成功的资格，同时也是别人应该去同情他的资本。

有些苛求同情的理由或现状是真实的，有些则多少有想象的成分。不管是真实的还是想象的，它们的作用都完全相同——它限制了你的自立与自强。如果你真的有什么缺陷，譬如失明、少了一条胳臂或生了重病的话，你会得到很多人的同情。但是，你绝不能让别人的同情来为你的生活调色。因为那并不是唯一可能的结果，而且也不是最好的结果。

# 不要总指望别人感恩

生活中总有人得到了别人的慷慨帮助，却很少能对别人真诚地感恩，他们视别人的帮助为理所当然，想当然地认为别人就该无偿地帮助他。老姜就是这样一个人。

老姜是个小肚鸡肠的人，至少邻居们都这么说。他帮人做一点事，就很得意，人前总要提几次，人家要是忘了说谢谢，他就得生气几天。可是如果是人家帮助了他，他就会患上一种健忘症，事情一办成，立刻就把办事的人忘了个一干二净。有一次田先生就被他给气坏了。老姜的一个亲戚来找他，说想要去农村收购出口大葱，但是得找一个进出口公司接收，亲戚问老姜有没有这方面的门路。老姜一想，三楼 B 门的田先生不就在进出口公司上班吗？于是他就让亲戚回家等着，自己买了两瓶酒就去找田先生，田先生见是街坊来求自己，就尽心尽力地把这事办成了。事一办成，老姜立刻就变了一个人一样，见到田先生就趾高气扬地喊一声"小田！"对大葱合同的事竟提也不提，并且还对街坊吹嘘自己有多神通广大，田先生被气得几天吃不下饭，一提老姜就一肚子火。

其实，生活中像老姜这样的人并不少见，他们有时会因有人庇护而威风一时。不过，由于此类人多半专横、自私，只知从别人身上得到好处，却不知回馈而不受欢迎，这种短视近利的做法，往往令帮助他的人感到失望，不再给予帮助。

世界上最大的悲剧就是一个人大言不惭地说："没有人给过我任何东西！"这种人不论是穷人或富人，他的灵魂一定是贫乏的。人们总是这样，对怨恨十分敏感，对恩义却感觉迟钝，所以下一次当你要怨恨别人的忘恩负义时，先想想自己是否做得很好。

张女士认为自己太倒霉，总是遇上忘恩负义的白眼狼。她的先生是搞科研的，为了工作常常废寝忘食，家务活、照顾老人孩子的事半点儿

⊙在抱怨别人不知感恩前，先培养一颗感恩的心。

也指望不上。为了支持先生的工作，张女士一狠心，就把工作辞了，回到家里当了个全职主妇。这个牺牲够伟大了吧，但先生却似乎一点也没有被感动，还反过来指责张女士越来越俗气了。

二号楼那对小夫妻，他们之所以能在一起，那全是张女士的功劳，红线是她牵的，矛盾是她调解的，两家父母闹意见还是她劝解开的。结果呢，这对小夫妻有了矛盾才来找她，没事的时候就把张女士丢一边。张女士一想起这事儿，就气不打一处来，但更可气的还在后头呢！

丈夫的一个远亲的孩子

要跨学区转学，因为
知道张女士有点门路，
所以就千求万请的，
碍于情面，张女士只
好披挂上阵。没想到
接收学校的管理太严
格，张女士费尽千辛
万苦，事情也没办妥，
而那位亲戚一听事没
办成，脸立刻拉了下
来，对张女士的苦心
没有半句感谢。不仅
如此，那位亲戚还到
处说张女士虚情假意、
不地道。张女士不但
没得到感激，还落了

⊙ 付出自有回报。与其抱怨别人不知感恩，不如先培养自己的感恩之心。

一身不是，她这一气就病了一场，病好后，她逢人就说："现在的人都是狼心狗肺，以后啊，就自己管自己，别人的事我再也不跟着瞎忙了！"

　　张女士的委屈确实可以理解，她热心地帮助别人，但她的努力似乎都白费了，没有得到任何一个人的感恩。但是从另外一个角度再想一下，我们每个人每天的生活都在仰赖着他人的奉献，那么，在抱怨别人不知感恩的时候，我们向帮助自己的人表达感激之情了吗？张女士如果仔细想一下就会知道了，生活中也有许多人曾经给过她无私的帮助，只是她忘记了这一点。

　　大多数人都是这样：只注意到自己需要什么，却忽略了这些东西是从哪里来的。所以与其抱怨别人的不知感恩，还不如先培养自己的感恩之心。

## 不以自己的标准要求别人

朋友之间互相帮助是应该的，你送了朋友一个人情，有机会他肯定会回报你。但如果你立即索取回报，不但是没有给朋友面子，还会伤害你们之间的友谊。

有一次，克洛夫在打猎的过程中没有打到一只猎物。他饥肠辘辘，这时，邻近的农夫索斯基宰了自己家的鸡与他一起进餐，克洛夫感激不已。

然而到了第二天，一群自称是索斯基的好朋友的人来到克洛夫家，要他请吃饭，克洛夫面子上过不去，就只好热情招待。谁知第三天又来了一群人，说是索斯基好朋友的好朋友，同样要克洛夫请他们吃饭，克洛夫十分不满，但还是答应了。许久以后，上了一大碗无滋无味的汤给

| 如何克服苛求回报 | |
|---|---|
| 正确看待财富 | 佛家有个思想：钱财乃身外之物，生不带来，死不带去。人生在世，财富并不一定就是看得见的金钱。 |
| 多替别人想想 | 当你想要伸手为自己谋取利益的时候，你必须先考虑一下这样做是不是会损害到别人的利益。 |
| 做事先想后果 | 不管你做什么，都要先考虑一下这件事的后果，就算你不为别人考虑，也不应该为自己考虑。 |
| 凡事莫贪图 | 贪婪是永无止境的，你何必为了满足它而让自己和别人受苦呢？ |
| 明白自己在做什么 | 你是做什么的就做什么，永远不要有任何不正当的非分之想。 |

他们喝。这些人觉得滋味不对，忙问克洛夫这是什么汤，克洛夫回答说，这是索斯基宰的那只鸡炖的汤。这些人最终悻悻而去。

我们知道，在日常交往中，人情总是有的，但是像索斯基那样的朋友，刚有了一点交情就要拼命用完的人确实是目光太短浅了。因为做人情就好像你在银行里存款，存得越多，存的时间越久，红利才会越多。

要学会不对别人期望过高，这样，你仍能从那些对你不坦白的朋友或说闲话的朋友处得到快乐。因为你已培养出一种幽默感，已经坚强到刀枪不入了。你一点都不会为自己没有得到回报而遗憾。

⊙经常用自己的标准要求别人，容易心生芥蒂。

不对别人期望过高，不以自己的标准要求别人，你就会少很多因得不到回报而产生的失落。

# 成见：

## 错误都是别人的

很多人都不了解自己，原因就在于人们总把目光放在别人身上，而没有看到自身存在的问题。

## 光环效应

美国心理学家凯利和阿施等人做了一项实验。阿施选用了 57 对形容词，第一对都是由正反、褒贬意义的词组成，如"清洁——肮脏"。他在实验中发现一个人最突出的核心品质起着一种类似晕轮的作用。如"热情——冷酷"分别反映了两个人的主要品质，当要求被试者回答这两个人中哪个"慷慨"、"风趣"、"有礼貌"时，90% 以上的被试者认为热情的人是慷慨、风趣、懂礼貌的；大多数被试者认为冷酷的人是粗鲁的。

这项实验证明人际关系中的一种效应——光环效应。

光环效应，指的是在人际关系过程中所形成的一种夸大了的社会印象。在社会心理学中，由于对人的某一品质或特点有清晰的知觉，印象深刻突出，从而掩盖了对这个人其他品质和特点的印象，叫作光环效应。那些一开始便被强烈知觉的品质或特点，就像月亮形成的光环一样，一圈一圈地向周围弥漫、扩散，掩盖了其他的品质或特点，所以人们又形象地称它为"晕轮效应"。

光环效应属于一种十分普遍的认知偏见，它表现为在个体的社会知觉过程中，不加分析地用对对方的最初印象来判断、推论他的其他品质。如一个人最初印象被认为是好的，那么他就被一种积极的有利光环所笼罩，人们因此也容易将其他好的品质与其相联系。与此相反，当一个人最初被认为是不好的时候，他就会被一种消极的不利光环所笼罩，人们也易将其他不好的品质强加给他。

光环效应是一种先入为主，凭第一印象一锤定音的个人主观推断的泛化、扩张和定势，这样做的结果无疑有些"以点概面"。如一个学习成绩好的学生，往往会被老师和家长认为是一个智力很高、聪明、热情、灵活、有创造性的学生。与之相反，如果一个学生在某一方面表现不好，成绩不好或者调皮捣蛋，那么往往就会被教师和家长认为一无是处。

了解"光环效应"这种现象，有助于人们克服社会交往中所产生的心理偏见，避免单凭初始印象、以偏概全所导致的片面性。

在与别人交往的过程中，我们并不总是能够实事求是地评价一个人，往往是根据已有的了解对别人的其他方面进行推测。我们

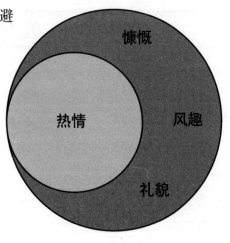

⊙ 调查显示，90％以上的人认为热情的人是慷慨、风趣、懂礼貌的。

⊙这两个人物形象你会更喜欢哪一个呢？恐怕哪个都不会喜欢，因为在你第一眼看到他们时，就形成了一时的印象——虽然不尽相同，但二者看上去都不像好人。

常从对方具有的某个特性而泛化到其他有关的一系列特性上，从局部信息形成一个完整的印象，即根据最少量的情况对别人做出全面的评价。

## 首因效应的微妙作用

首因效应是交际心理中的重要名词。它指的是人与人第一次交往中给人留下的印象，在对方的头脑中形成并占据着主导地位。

有这样一则故事：一个新闻系的毕业生在外急于寻找工作。一天，他到一家报社对总编说："你们需要一个编辑吗？"

"不需要！"

"那么记者呢？"

"不需要！"

"那么排字工人、校对呢？"

"也不，我们现在什么空缺也没有。"

"那么，你们一定需要这个东西。"这位毕业生边说边从包中拿出一块精致的小牌子，上面写着"额满，暂不雇用"。总编看了看牌子，微笑着点了点头，说："如果你愿意，可以到我们广告部工作。"

　　这个大学生通过自己制作的牌子表达了自己的机智和乐观，给总编留下了美好的"第一印象"，引起了总编极大的兴趣，从而为自己赢得了一份满意的工作。

　　我们每个人都有这样的经验：第一印象在人们心目中难以改变。在现实生活中，首因效应所形成的第一印象常常影响着人们对他人以后的认知。对某人第一印象好，就乐意与之接近，并能较快地相互沟通，甚至"一见钟情"。反之，第一印象差，便会产生反感，即使以后由于各种原因难以避免与之接触，但也会很冷淡，甚至"告吹"。第一印象一旦形成，对后来观察和感知到的内容则往往不大注意或被忽视，即使后来的印象与最初的印象有差距，也会服从最初印象。毫无疑问，良好的第一印象会为以后的人际交往和工作条件带来诸多便利。所以，与人接触时一定要策划好第一印象。要做到这一点，除了注重仪表风度外，更要注意言谈举止，言辞幽默、不卑不亢、举止优雅的人定会给人留下难以忘怀的好印象。如果第一印象不好，往往会在对方心中形成"刻板印象"。刻板印象会导致偏见。刻板印象一旦形成，对人的判断十有八九要出偏差。所以当与对方交际的时候，一定要注意善用首因效应，让自己取得主动，而不是形成难以改变的刻板印象。

⊙ 第一印象在交往中占据着主导地位。

　　子羽曾是孔子的学生，第一次拜见孔子时，孔子见他其貌不扬，印象不好。长相这么丑的人怎么会有才气呢?

所以对子羽态度很冷淡，不愿尽心教他。子羽感到没趣，只好退而自学。以后他刻苦自励，终有所成。孔子知道后深为后悔地发出了"以貌取人，失之子羽"的感叹。应该说，作为卓越的教育家，孔子对于怎样知人是有一套较为深刻见解的，可遇到具体问题，有时也会忘了知人应取的客观标准。这说明，知人、识人应当力戒"以貌取人"。

当然，"首因效应"在社交活动中只是一种暂时的行为，更深层次的交往还需要个人的硬件完备。这就需要加强自身在谈吐、举止、修养、礼节等各方面的素质，不然则会导致另外一种效应的负面影响，那就是近因效应。

# 别用有色眼光看人

智者的眼睛是雪亮的，看人很准确、很恰当。然而，生活中有一群人，虽然并没有带太阳镜或茶色眼镜，看人却带有"颜色"，常常加入自己的主观情感成分。这种"用有色眼光看人"，相当于门缝里看人，一洞窥天，全是偏见。

用有色眼光看人，也就是带着固有的感情色彩，带着成见去识别人。虽然这是识人中的大忌，但用有色眼光去看人，在古今中外的历史上都是屡见不鲜的。

用有色眼光看人，首先体现在对没有出名的"小人物"的轻视上。法国数学家伽罗华17岁时把关于高次方程代数解法的文章，送到法兰西科学院，却没有受到重视。20岁时，他第三次将论文寄出，审稿人波松院士看过之后的结论是："完全不可理解！"苏格兰科学家贝尔想发明电话，他将自己的想法说给一位有名的电报技师，那技师认为贝尔的想法是天大的笑话，还讥讽地说道："正常人的胆囊是附在肝脏上的，而你的身体却在胆囊里，少见！少见！"好在贝尔并没有相信这家伙的一派胡言，凭着高度的自信将实验坚持了下去，并最终取得了成功。

学术上的门户之见，也是用有色眼光看人。1968 年，英国皇家学会为研究碰撞问题而悬赏征文。荷兰人惠更斯文章最好，可是，因为他不是英国人而被扣发文章。后来，他的论文在法国出版，他本人当上了法国科学院院长，为法国在科学上赶超英国发挥了重要作用。

用老眼光看人是另一种表现形式。辩证唯物主义告诉我们，世界上任何事物都是在不断发展变化的，没有绝对的静止。一个人最初的工作可能简单、平凡，但这并不妨碍他将来工作的重要性。没有人能够预知自己的未来，所以，看人时也不要以对方现在的状态而自作聪明地评价他的将来。同样的道理，故友相见，也不要凭借原来的印象来评价对方，说不定对方已由当年的环卫工人成长为显赫一方的企业家呢！

小张幼年家贫，读书不多，16 岁后靠着在城里工作的小叔介绍，才得以在一家公园里当上环卫工人。小张是个勤奋好学、上进的孩子，利用业余时间自学文化知识。经过几年的努力，20 岁时他已取得国家自学考试中心颁发的大学文凭。后来，一次偶然的机会，他发现文化礼品市场巨大，就集资做起了文化礼品生意。5 年之后，他的公司成为当地最大的文化礼品公司。于是他决定衣锦回乡，他在回家的路上碰见了一位 10 年未见的村里长辈。村里长辈关心地问他："在公园当环卫工人，受人欺负吗？"

⊙不要戴"有色眼镜"看问题。

他一时无语。

　　用有色眼光看人，会让我们犯下许多错误，从而影响我们正常的人际关系。摘下"有色眼镜"，看一论一，以眼前论眼前，凭事实说话，对别人做出客观评价，这样才能避免"偏见"。

# 放弃自我偏见

　　在日常的生活中，我们或多或少都会对一些人和事存有偏见。有很多人都曾经碰到下列情形。

　　你和朋友碰面谈事情一向都很准时，但最近由于塞车曾迟到两次，今天当你再度晚了 10 分钟才出现时，你的朋友马上不耐烦地说："你怎么总是迟到啊？"朋友忘记了一向都是你等他的。

　　你 17 岁的女儿很反常地晚归了，你焦心地等着，她一进门，立刻气急败坏地质问："你和什么狐群狗党混到这个时候？还知道要回来啊？"你完全不理会女儿很委屈的申辩，她其实是在和同学练习下周的啦啦队比赛。

　　你在 8 岁儿子的书包中，搜出一款不属于他的卡通手表（儿子曾经要求你买给他，你却斥之以盲目追求流行）。你如同五雷轰顶，捶胸顿足地哀号："你这么小就会拿人家手表，长大后岂不要去抢银行？"根本没去思索那块表的来历，更没打算听儿子解释。

　　在面对自己不愿看到的情况时，人们往往以自己的主观意识混着不满的情绪说出有失公允的话。这个时候，人们应该放松自己的心态，有了问题直接与对方交流，真诚坦率地交换意见，互相信任和理解，而不要先入为主地使自己的思维偏见不分场合地发挥作用。同时，要胸怀宽广，有意识地训练自己的心理承受能力，养成良好的意志品质。

　　俗话说："金无足赤，人无完人。"我们每一个人都不可避免地存在一些令别人无法忍受的缺点。如果你总是对别人的缺点十分苛刻，就

| 引发成见的现象 | | |
|---|---|---|
| 名称 | 概念 | 特点 |
| 光环效应 | 由于对人的某一品质或特点有清晰的知觉，印象深刻突出，从而掩盖了对这个人其他本质和特点的印象。 | 以点概面 |
| 首因效应 | 认识某人时的第一次信息比后来所获信息对形成印象具有更强的效应。 | 先入为主 |
| 刻板印象 | 对一个社会群体的人格特征所形成的共同信条。 | 偏见 |

会引起别人的反感，甚至"以恶为仇，以厌为敌"。一个能够容忍别人缺点的人，必定是胸怀宽广、受人尊敬的人，而且也是能够拥有辉煌人生与成就的人。看到别人缺点时，先反省自己是不是立场不对，然后以换位思考来接受别人的缺点，那样，你也将赢得别人的尊重。相反，一个不能容忍别人缺点的人，不可能拥有真正的朋友，而他的人生也难以成功。要改变人生，就要赢得朋友的支持。所以，在面对别人的缺点时，要尽量多一分容忍与理解。

我们都有缺点。想一想，假如自己的缺点不能被别人容忍会有什么样的结果，对自己的影响有多大；倘若别人只看到自己的缺点，而看不到自己

⊙放下"成见"这面放大镜，你才能更清楚、更理性地看这个世界。

的优点，自己会怎么想。这样，我们就能找到容忍别人缺点的理由。曾经有一位非常出色的外交家说："以前社交圈比较狭窄，只知道别人有很多缺点。现在随着社交圈的扩大，接触了形形色色的人后，才有知心朋友告诉我，其实我自己也有类似的缺点。我希望别人能够容忍我的缺点，所以我也常常容忍别人的缺点。"

# 如何克服成见

**第一，注意"投射倾向"。**

把自己的某些心理特点附加给对方的现象，即"投射倾向"。人际知觉的投射倾向表明，人对他人的知觉包含着自己的东西，人在反映别人的时候常常也在反映着自己，而这种反映又往往是不自觉的。如果你对自己的"投射倾向"不加注意，没有清醒地、理智地经常进行自我反思，就很可能制造出晕轮效应，出现各种偏见。

**第二，注意"第一印象"。**

由于第一印象有先入为主的特点，因而往往比较深刻。如果第一印象好，就会给以后的交往打下良好的基础。从这个意义上说，注意给人留下良好的第一印象是必要的。第一印象一旦形成，以后的信息常常只扮演补充和解释的角色，这就是产生成见的"温床"了。因此，冷静、客观地对待第一印象，思想上具有改造甚至否定第一印象的准备非常重要。

**第三，注意"刻板印象"。**

刻板印象就是所谓类化作用，按照预想的类型将人分为不同种类，然后贴上标签，按图索骥。刻板印象与成见可以说是有不解之缘的，是导致失真的一个"误区"。我们要对他人产生确切、深刻的认识，千万别忘了人的丰富多样性，并不断地修正头脑中由于刻板印象所

| 成见效应的弊端 | |
|---|---|
| 遮掩性 | 我们抓住的事物的个别特征并不反映事物的本质。 |
| 表面性 | 成见产生于感、知觉阶段，易受感觉的表面性、局限性和知觉的选择性的影响。 |
| 弥散性 | 对于一个人的整体态度，还会影响到跟这个人具体特征有关的事物上。 |

造成的假象。

**第四，避免"以貌取人"。**

一项心理实验中显示，当人们被要求在一堆他们不认识的照片中分别找出"好人"与"罪犯"时，总会表现出按外貌分类的倾向。为此，我们在认识他人的问题上，要确立不满足于表象，注重了解对方心理、行为等深层结构，才能有效地摆脱成见的影响。

**第五，避免"循环证实"。**

当你看不惯某个人，对某个人怀有成见的时候，应当首先理智地检讨一下自己的态度和行为是否受到成见的影响，自觉走出成见的迷宫。

# 逞能：

## 外强中干的表现

如果一个人过于逞强，就会变得对什么都想插一脚，什么都想大包大揽。而事实上，一个人的能力是很有限的，如果揽过来办不成事，反而会大大地降低自身的人格魅力。

## 逞一时之能

青年人由于血气方刚，遇事容易冲动，不能很好地控制自己的情绪，因在乎面子而逞强显能，往往给自己带来重大损失，给走向成功设下陷阱。

卡耐基在人际关系上也有过失误。第二次世界大战刚结束的某一天晚上，他在伦敦参加一场宴会。宴席中，坐在他右边的一位先生讲了一段幽默故事，并引用了一句话："谋事在人，成事在天。"那位健谈的先生说，他所引用的这句话出自《圣经》。

"他错了，"卡耐基回忆说，"为了表现优越感，我很讨厌地纠正他。他立刻反唇相讥：'什么？出自莎士比亚？不可能！绝对不可能！那句话出自《圣经》。'"

"我的老朋友法兰克·葛孟坐在我左边。他研究莎士比亚的著作已有多年，于是我俩都同意向他请教。葛孟听了，在桌下踢了我一下，然后说：'戴尔，你错了，这位先生是对的。这句话出自《圣经》。'"

"那晚回家的路上，我对葛孟说：'法兰克，你明明知道那句话出自莎士比亚。''是的，当然，'他回答，'《哈姆雷特》第五幕第二场。可是亲爱的戴尔，我们是宴会上的客人。为什么要证明他错了？那样会使他喜欢你吗？为什么不给他面子？他并没问你的意见啊，他不需要你的意见。为什么要跟他抬杠？你要记得永远避免跟人家正面冲突。'"

"永远避免跟人家正面冲突。"卡耐基谨记了这个教训。卡耐基早年是个十足的杠子头，小时候，他和哥哥曾为天底下任何事物而抬杠。进入大学，他又选修逻辑学和辩论术，也经常参加辩论比赛。他曾一度想写一本这方面的书，他听过、看过、参加过数千次的争论。这一切的结果，使他得到一个结论：天底下只有一种能在争论中获胜的方式，就是避免争论，要像躲避响尾蛇和地震那样避免争论。

下面这只叫作"逞能"的小鸡也经历了与别人冲突、争论甚至嘲笑别人到醒悟的过程。

蓝蓝的天空，高大的树木，平静的小湖，加上可爱的小动物，组成了一个充满欢乐的森林。但是，这里有一只非常爱逞能的小鸡，大家叫它"逞能"。

"逞能"经常说自己很了不起，而且还经常取笑其他小动物，因此，小动物们都不喜欢它。这一天天气晴朗，万里无云，"逞能"觉得在家里非常闷，于是决定出去走走。"逞能"走到小河的对面，看到一只非常可爱的小兔子正在吃青菜，"逞能"便从桥上走过去，取笑小兔子，说："哈哈！你还吃这种低下的食物，你还不知道吗？青菜已经落后了，你看，我多可爱，因为我每天都吃小鱼小虫。"小兔子听了低下头，哭着回家了。

"逞能"非常高兴，因为它把小兔子给弄哭了。它又往前走，当走到一棵大树旁的时候，看到树上有一只画眉正在唱歌，"逞能"心想：虽然好听，但如果我称赞它，那我不就没有面子了吗？不行。我不能这样说。于是，"逞能"便对画眉说："你快给我闭嘴！你知道你唱得有多难听吗？森林里只有我的声音是最美的。"然后，"逞能"就发出"唧唧唧唧"的难听叫声，画眉听后，皱了皱眉头，生气地飞走了。

"逞能"的朋友越来越少了，但它一点也不在乎。就在这个时候，它看见了小猫正在捉老鼠，当小猫捉到老鼠后，它的主人就会给小猫一条小鱼吃。"逞能"看到这些情景后，便走过去对小猫说："你会捉老鼠有什么了不起，其实，我也会捉老鼠，只不过你们不知道而已。"小猫听后，半信半疑地说："你会捉老鼠？我怎么没听说过呢？""逞能"昂起头说："不信？我现在就捉给你看！"说完，"逞能"便去捉那只正在田里偷吃谷粒的大老鼠，当它来到那只大老鼠面前的时候，大老鼠对着"逞能"露出了锋利的牙齿，"逞能"一下就被那锋利的牙齿吓晕了。这时，小猫扑过去一下就把老鼠抓住了。

当"逞能"醒后，小猫便劝告它："逞能，你以后不要再这样逞能了，要想逞能，自己得练就一身真本事。""逞能"听后，点了点头，感激地对小猫说："小猫，谢谢你，是你让我清醒过来的。"那天晚上，"逞能"把以前那样对待小动物们的事一件又一件地想了很

⊙逞能者多数都是外强中干。

久，竟然哭了起来，因为它觉得自己太对不起那些小动物了。第二天，"逞能"当着所有小动物的面前说："今天我在这里，要向大家道歉，因为先前我太对不起大家了。"森林里顿时响起了热烈的掌声，小动物们原谅了"逞能"。

一个人不管出于什么动机，如果不顾一切地逞能，那么最后的结果必然是脱离群众，成为孤家寡人。

那么，怎样才能做到不逞能呢？

**第一，工作热情旺盛，但不是为了一己之私利。**

**第二，对任何事情采取冷静的态度，三思而行，不靠冲动，不靠激情，不为情绪所支配。**

**第三，不要单枪匹马，学会尊重人。**

不仅尊重领导，也要尊重群众，尤其是尊重那些经验丰富的老人。重要的事、事关全局的事，要与周围的人商量，认真地请教周围的人。

**第四，要谦虚，不要傲视一切。**

切莫在自己说话、办事时流露出看不起他人、只有自己才行的情绪。

**第五，切忌只干那些"有利可图的事"，而对那些无名无利的事采取"不闻、不问"的态度。**

⊙ 世界从来不是你想象的样子，生活也绝不是逞一时之勇，量力而行，脚踏实地才是根本。

第六，不要做了一点好事就感到了不起，就四处张扬，唯恐他人不知道，要记住：一个人做一件好事容易，难的是做一辈子好事。

# "能"不能瞎逞

有一个猢狲逞能身先死的故事：吴王在长江上泛舟之后，又登上了猢狲山。猢狲们见有人来了，都纷纷逃避，躲到了草丛之中。有一只老猴却与众不同，不但不逃，反而在那里上下跳跃，抓耳挠腮，炫耀自己的敏捷。吴王拉弓搭箭要射它，它一点也不害怕，等那飞箭来到身边，轻轻地伸出前爪，灵巧地捉住了箭杆。吴王一看大怒，下令让众人一齐射它，把它射死了。吴王对他的好友颜不疑说："这个猴子，在我面前卖弄它的技巧，以至于遭到这样的下场，而那些没有技巧的猴子却得以活命，可见是技巧害得它丧了命。这真是值得人们借鉴啊！一定要记住，千万不要在人前逞能持傲呀！"

但是，在我们现实生活中有两种人：有的人也很能干，但是，总是要求自己不要过分出头露面，不要逞能，什么事情都悠着点干。

另一种就是瞎逞能，往往过高地估计自己，喜欢逞能，认为自己什么都能干，甚至去做自己力所不及的事，加之经历少，受挫折少，很少考虑后果。

前一种人那样做自有他的道理，当一个能人单枪匹马往前闯而不顾及左右邻舍的情绪时，肯定会给自己带来一大堆的麻烦。

的确，一个人活在世上，总想干一番事业，总想将自己的抱负变成现实，因而有时卖弄一点自己的知识，炫耀一点自己的才能，偶尔逞能，偶尔露一点"峥嵘"，这是可以理解的。但是，如果一个人恣意地放任自我，恣意地逞能，恣意地逞强，那就万万不可了。

这是因为如果一个人过于逞能，就会使人产生一种只有自己才行，其他人统统不行的感觉。他就可能成为一个目中无人、藐视一切权威、藐视一切规则的人，而这样做的结果只能是孤立自我，脱离群众。

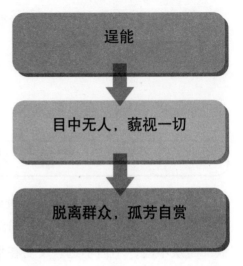

另外，如果一个人无论是在大事小事、公事私事，还是国事家事等方面都过于逞能，处处表现自我、突出自我的话，这就意味着他在无形之中从许多方面都"剥夺"了其他人施展才华、能力的机会，也就增加了他与其他人之间产生矛盾、冲突的可能性。这样做的最后结果是：自己会处处碰壁，成为众矢之的。

如果一个人过于逞能，就会变得对什么都想插一脚，什么都想大包大揽。而事实上，一个人的能力是很有限的，如果办不成事，反而会大大地降低自身的人格魅力。

如果一个人过于逞能，那么，他就会对自己提出一些不切实际的、过高的期望，好高骛远、不自量力，经常口出狂言，小事不肯做，大事做不来，变得虚荣心极强。要知道，世界上没有绝对的顺风船，一旦在船的航行过程中发生搁浅、触礁甚至翻船的情况，他就会比一般人更难于接受现实对自己的惩罚，从而由一个极端走向另一个极端：失望、灰心、沮丧、意志衰退，甚至失去继续生活的勇气。

所以，一个人不能瞎逞能。

## 永远不要说"证明给你看"

永远不要这样开场："好，我证明给你看。"这句话大错特错，等于是说："我比你更聪明。我要告诉你一些事，使你改变看法。"

那是一种挑战，那样会挑起争端。在你尚未开始之前，对方已经准备迎战了。

即使在最温和的情况下，要改变别人的主意都不容易。那为什么要使它更不容易呢？为什么要使你自己的困难更加一层呢？如果你要证明什么，不要让任何人看出来。技巧要到家，使对方察觉不出来。

"必须用若无其事的方式教导别人。提醒他不知道的好像是他忘记的。"300 多年以前意大利天文学家伽利略如是说。

你不可能教会一个人任何事情；你只能帮助他自己学会这件事情。正如英国 19 世纪政治家查士德·斐尔爵士对他的儿子所说的："如果可能的话，要比别人聪明，却不要告诉人家你比他聪明。"

如果有人说了一句你认为错误的话——是的，即使你知道是错的——你若这么说不更好吗——"啊，是这样的！我倒另有一种想法，但也许不对。我常常会弄错，如果我弄错了，我很愿意被纠正过来。我们来看看问题的所在吧。"

用这种句子"我也许不对，我常常会弄错，我们来看看问题的所在。"确实会得到神奇的效果。

无论什么场合，没有人会反感你说："我也许不对。我们来看看问题的所在。"

有个学员就曾用这种方式处理顾客纠纷，他是"道奇汽车"在蒙大拿州的代理商哈洛·雷恩克。雷恩克在报告时指出，由于汽车市场的竞争压力，在处理顾客投诉案件时，他们常常显得冷漠不带感情。这很容易引起愤怒，甚至做不成生意或造成许多不快。

他告诉班上的其他学员："后来我想清楚这样

⊙ 任何争强好胜的"顶牛"最后都会两败俱伤。

于事无补，便改变方法。我转而向顾客这么说，我们公司犯下了不少错误，我实在深表遗憾。请把你碰到的情形告诉我。"

"这种方法显然消除了顾客的敌意。情绪一放松，顾客在处理事情的过程中就容易讲道理了。许多顾客对我的谅解态度表示感谢，其中有两个人甚至后来还带了朋友来买车。在竞争激烈的市场上，我们很需要这样的顾客。而我相信尊重顾客意见，对待顾客周到体贴，都是赢得竞争的本钱。"

你永远不会因认错而导致麻烦。只有如此才能平息争论，促使对方也能同你一样公正宽大，甚至也承认他或许错了。

# 逃避:

## 推卸自己的责任

逃避责罚是人类的一种本能。多数人在"有利"与"不利"两种形势的抉择中都会选择趋利避害。通过各种"免罪"行为，人们可以暂时脱离责罚，但逃避只是暂时的，最终总是要面对现实。

## 为过错埋单

那年李小姐刚从大学毕业，被分配在一个离家较远的公司上班。每天清晨 7 时，公司的专车会准时等候在一个地方接送她和她的同事们。

一个寒冷的清晨，她关闭了闹钟尖锐的铃声后，又稍微赖了一会儿暖被窝——像在学校的时候一样。她尽可能最大限度地拖延一些时光，用来怀念以往不必为生活奔波的日子。那一个清晨，她比平时迟了 5 分钟起床，可就是这区区 5 分钟却让她付出了代价。

当她匆忙奔到专车等候的地点时，已经 7 点过 5 分，班车开走了。站在空荡荡的马路边，她茫然若失，一种无助和受挫的感觉第一次向她袭来。

就在她懊悔沮丧的时候，突然看到了公司的那辆蓝色轿车停在不远处的一幢大楼前。她想起了曾有同事告诉她那是老板的车——真是天无绝人之路。她向那车走去，在稍稍犹豫后打开车门悄悄地坐了进去，并为自己的聪明而得意。

为老板开车的是一位慈祥温和的老司机，他从反光镜里已看她多时了，这时，他转过头来对她说："你不应该坐这车。"

"可是我的运气真好。"她如释重负地说。

这时，她的老板拿着公文包飞快地走来。等老板在前面习惯的位置上坐定后，她才告诉他说："班车开走了，我想搭您的车子。"她以为这一切合情合理，因此说话的语气充满了轻松随意。

老板愣了一下，但很快坚决地说："不行，你没有资格坐这车。"然后用无可辩驳的语气命令："请你下去！"她一下子愣住了——这不仅是因为从小到大还没有谁对她这样严厉过，还因为在这之前，她没有想过坐这车是需要一种身份的。当时就凭这两条，以她过去的个性，是定会重重地关上车门以显示她对这不屑一顾，然后拂袖而去。可是那一刻，她想到了迟到对她意味着什么，而且她那时非常看重这份工作。于是，一向

⊙一味地畏首畏尾，逃避现实，就会错过生活中的日月星辰。

| 逃避时的各种借口及其深层含义 | |
|---|---|
| 借口 | 深层含义 |
| 这不是我的错。 | 全盘否认。 |
| 我不是故意的。 | 请求宽恕。 |
| 没有人不让我这样做。 | 装傻，试图蒙混过关。 |
| 这不是我干的。 | 直接否认。 |
| 本来不会这样的，都怪…… | 扩大范围，推卸责任。 |

聪明伶俐但缺乏生活经验的她，变得从来没有过的软弱，她用近乎乞求的语气对老板说："我会迟到的。"

"迟到是你自己的事。"老板冷淡的语气没有一丝一毫的回旋余地。

她把求助的目光投向司机，可是老司机看着前方一言不发。委屈的泪水在她的眼眶里打转，然后，她在绝望之余，固执地与他们陷入了沉默的对抗。

他们在车上僵持了一会儿。最后，让她没有想到的是，她的老板打开车门走了出去。坐在车后座的她，目瞪口呆地看着有些年迈的上司拿着公文包向前走去。他在凛冽的寒风中拦下了一辆出租车，飞驰而去。泪水终于顺着她的脸颊流淌下来。

老司机轻轻地叹了一口气："他就是这样一个严格的人。时间长了，你就会了解他了。他其实也是为你好。"老司机给她说了自己的故事。他说他也迟到过，那还是在公司创业阶段，"那天他一分钟也没有等我，也不要听我的解释。从那以后，我再也没有迟到过。"他说。

她默默地记下了老司机的话，悄悄地拭去泪水，下了车。那天她走出出租车踏进公司大门的时候，上班的钟点正好敲响。她用力地将自己的双手紧握在一起，心里第一次为自己充满了无法言语的感动，还有骄傲。

从这一天开始，她长大了许多。

喜欢听赞美是每个人的天性。忠言逆耳，当有人（尤其是和自己平起平坐的同事）对着自己狠狠数落一番时，不管那些批评如何正确，大多数人都会感到不舒服，有些人更会拂袖而去，连表面的礼貌也不会做，常常令提意见的人尴尬万分。下一次就算你犯更大的错误，相信也没有人敢劝告你了，其实这也是做人的一大损失。

当我们错了——若是我们对自己诚实，这种情形十分普遍——就要迅速而热诚地承认。这种技巧不但能产生惊人的效果，而且比为自己争辩还有趣得多。

如果你总是害怕承认自己曾经犯错，那么，请接受以下这些建议：

如果你必须向别人交代，与其替自己找借口逃避责难，不如勇于认错，在别人没有机会把你的过错到处宣扬之前，对自己的行为负起一切的责任。

如果你在工作上出过错，要立即向上司汇报自己的失误，这样当然有可能会被大骂一顿，可是上司会认为你是一个诚实的人，将来也许对你更加器重，你所得到的就会比你失去的多得多。

如果你所犯的错误可能会影响到其他同事的工作成绩或进度时，无论同事是否已发现这些不利影响，都要赶在同事找你"兴师问罪"之前主动向他道歉、解释。千万不要企图自我辩护、推卸责任，否则只会火上浇油，令对方更加愤怒。

每个人都会犯错误，尤其是当你精神不佳、工作过重、承受太沉重的生活压力时。偶尔不小心犯错是很普通的事情，关键是犯错后要用正确的态度对待它。犯错误不算什么大不了的事，"有则改之，无则加勉"，只有放下了心灵枷锁，不再固守所谓的自尊，人才能坦诚地面对自己、面对别人。

事实上，一个有勇气承认自己错误的人，他也可以获得某种程度的满足感，这不仅可以消除罪恶感，而且有助于解决这项错误所造成的问题。

卡耐基告诉我们，即使傻瓜也会为自己的错误辩护，但能承认自己错误的人，就会获得他人的尊重，而且给人一种高贵诚信的感觉。

## 有时候，逃避是因为怯懦

避免惩罚是人类的一种本能，人都有趋吉避凶的本性。通过各种逃避，人们可以暂时逃脱责罚，保持良好的自身形象。

但是逃避是一种消极的做法，它本身就代表一种懦弱。在成功的道路上，懦弱心理是一块绊脚石。有时，一个人表面装出不屑一顾的样子，实则是因为骨子里的懦弱，没有面对挑战的勇气，没有承担责任的真诚。懦弱对社会、对事业都相当不利。一个人的成功，需要具备的要素中有一条很重要，就是勇敢无畏。作为普通人，不要指望因祸得福、一举成名，如果一个人生活在担忧惊恐中，一天到晚愁眉不展，看见这个心虚，看见那个害怕，那他的生活就会很累，也可能导致一辈子不成功。法国思想家拉罗什福科说："软弱甚至比恶行更有害于德行。"一个人如果发现自己身上有这种人性缺陷，就要设法克服它，或者合理地利用它，使自己变成一个勇敢的人。

事实上，一个人如果患上了懦弱这种心理疾病，首先要做的，是不要由此而自怨自艾。即使明知这种懦弱是使自己在生活、工作中失败的"罪魁祸首"，

⊙逃避永远都不是解决问题的方法。

也不要因此自卑。

在驱除了自怨自艾这种不良心理之后，接下来你要做的，是找出生活、工作中能适合自己去进攻的突破口。

一个懦弱的人，务必要记住你的突破口就是：清楚自己的心理状态和气质偏向，合理地利用自己的懦弱。

做到这一点，你身上的缺点就有可能转化为优点。

下面我们一起来看一下中年男子小郝是怎样利用他的懦弱心理走向成功的。

小郝唯唯诺诺地走到中年，在经过一个又一个的挫折后，他终于认识到：自己的懦弱是无法改变的，也没有必要再改变。自己所要做的，是合理地利用这种懦弱心理。

有了这种认识，他开始变得主动了。

小郝首先从自己家里做起。

他老婆骂他时，他不再惧怕，也不再反抗，只是淡淡一笑，说："我虽然无能，但我也能找到自己的位置。"

老婆被他这种自信的微笑惊呆了。

之后他又说："我会很快找到工作的。"

他老婆跟他一起生活了这么多年，很清楚他懦弱的性格。所以，他这么说的时候，她很高兴。于是，他们的家庭，很快地恢复了平静。

然后，小郝开始找工作了。

## 形成逃避心理的深层原因

逃避和推卸责任是人类的本能。

逃避来自内心深处的恐惧。

在有利和不利形势的抉择中，多数人会选择趋利避害。

一时间逃脱责罚，能够保持良好的自身形象。

⊙与其怯懦地躲进未知的避难所，还不如面对已知的困难。

在一个个老板面前，他显得很镇定。

小郝仍是懦弱的，但他的懦弱中，已没有了胆怯，只有谨慎。

在谨慎心理的支配下，他不莽撞，也不畏缩，而是不急不躁、不卑不亢。他不会盲目去找一个不适合自己的工作，也不会在遇到一个自己合适的工作以后仍畏缩不前。

经过充分的准备，小郝到一家私营公司应聘出纳一职。他仔细地准备了自己的简历，准备了面试的答辩词。然后，他鼓起勇气走向那个公司。

他迎着老板的目光，流畅地说出自己的准备辞。在老板不客气的盘问中，他很小心、很得体，一点儿也不浮躁。

老板被他的从容打动了。

不久，小郝有了新工作。

小郝的成功是一次心灵的革命，这场革命，是利用懦弱的革命。

为此，我们要告诫所有具有懦弱心理的人，一定要珍视自己所拥有的一切，不要轻看自己的生活、自己的爱情和自己的事业，而最重要的是不要轻视自己的潜能。只有这样，你才能达到改善这种懦弱心理的目的。尽管改善懦弱心理之后，懦弱仍是懦弱，但却去掉了其中的惧怕，增加了其中的谨慎。像这样改善自己的形象之后，虽然外貌仍是这副外貌，但谈吐、举止却不一样了。改善之后，你仍然是你，但此刻的你，已非以前的你所能比的了。记住：你比以前强了。

# 避重就轻

具有逃避思想的人也容易避重就轻，因为避重就轻其实就是一种逃避责任和惩罚的表现。当他们深陷困境时，他们不是想办法去面对苦难，迎接困境，反而是一心想找个借口，找个理由宽恕自己，然后让自己"勇敢"地承担起那些琐碎的、无关紧要的责任来。

其实，"消极思想"才是导致避重就轻产生的最根本原因。当面临选择时，具有消极思想的人不愿意去选择那条虽然有希望让自己成功，但却充满艰难困苦、风雨险阻的道路。他们不想受到生活的打击，于是选择了那些平坦的、没有危险的，但却会让自己碌碌无为一生的道路，就像选择了那些索然无味的莲子。当问题出现时，具有消极思想的人不愿意去选择以昂扬的斗志面对，因为那将是一场惨烈的战斗。他们害怕失败，害怕困难，于是选择了低下头，默默地走向了那些对于解决问题根本没有帮助的地方。

试想一下，如果我们每个人都以"避重就轻"的心态去做事，去做人，那么我们的事业、我们的人生将会是什么样子呢？诚然，我们承认，在某些时候，我们在处理问题的时候从侧面入手，从小事抓起，确实可以起到意想不到的效果，但这并不能成为选择"避重就轻"心理的理由。前者的做法是"大智"，而避重就轻则是"大愚"。

因为避重就轻首先会让你丧失掉一生都非常重要的"机会"。如果你做事喜欢避重就轻，那么你势必不会选择那个存在于冒风险之中的机会。这时，一个本来应该属于你的成功机会，就悄悄地从你眼皮底下溜走。

如果你做什么事都避重就轻，时间一长，你的心理就会变得非常脆弱。俗话说："不经历风雨，怎么见彩虹。"你老是选择轻的来承担，必然经受不到人生风雨的洗礼，那么，突然有一天，当一场你不得不面对的暴风雨来临时，你将只有死路一条，无从选择。

避重就轻还会让你失去别人的信任。谁也不愿意把重要的工作交给

| 如何克服避重就轻心理 | |
| --- | --- |
| 勇于尝试 | 不管一件事有多难，做了就有机会成功，没做就肯定没机会成功。不要害怕失败，你应该尝试去做一些对自己来说具有挑战的事情。 |
| 增强自身的责任感 | 一个人一生要为很多人和事负责，包括自己和别人，你的责任并不仅仅是要让你的生命延续，还应该让你身边的人幸福。 |
| 学会鞭策自己 | 当你有意退缩时，当你想要避重就轻时，你不妨对自己说："你真是个胆小鬼，是个懦夫！连这点责任都没有勇气承担。" |
| 认清主次矛盾 | 只有解决了事情的主要矛盾，才能使整件事情从根本上得到解决。不管做什么，你首先要做的都是抓住最重要的主要矛盾。 |
| 如果错了，当即承认 | 不要怕承担责任，更不要推卸责任，当你犯错误的时候，不要避重就轻，时刻告诫自己："如果错了，我应该当即承认。" |

一个平日里就喜欢避重就轻的人，谁也不愿意信任一个说话做事避重就轻的人，因为人们知道这种人不能完成一项重要的任务，更承担不了一个较大的责任。总而言之，避重就轻会让你慢慢地走向失败，慢慢地走向孤独。

# 承担责任是不会褪色的光荣

　　无论生活中还是工作中，敢于承担责任是一种永远不会褪色的光荣，而同时，不敢承担责任的人，是没有立足于社会和发展自我的机会的。

一个懦弱的人，必须培养、树立责任心，才有可能勇敢地承担责任，才有可能去做自己想做的事，否则只会畏首畏尾，永远走不出黑暗。不论遇到什么问题，哪怕是面临失败，也不要灰心丧气，要勇敢地正视它，以积极的态度寻找应变的方法。一旦问题解决了，自信心也会随之增加。

任何一个人，朋友也好，爱人也好，老板也好，他们无一不喜欢与敢于承担责任的人相处、共事和生活。然而生活中却常常有推卸责任的事情发生。

小刘和小王是同事，他俩工作一直都很认真，也很努力。老板也对他俩很满意，可是一件事却改变了这两个人的命运。

一次，小刘和小王一同把一件很贵重的古董送到码头。没想到送货车开到半路却坏了。公司有规定，如果不按规定时间送到，他们要被扣掉一部分奖金。于是，力气大的小刘，背起古董，一路小跑，他们终于在规定的时间赶到了码头。这时，心存小算盘的小王想，如果客户看到我背着邮件，把这件事告诉老板，说不定会给我加薪呢，于是他对小刘说："先把古董交给我，你去叫货主吧。"

当小刘把古董递给小王的时候，小王一下没接住，古董掉在了地上，成为碎片。他们都知道古董打碎了意味着什么，没了工作不说，可能还要背负沉重的债务。果然，老板对他俩进行了十分严厉的批评。

⊙ 勇于承担生活中的责任是一种美德。

在他们等待处罚的过程中，小王避开小刘，一个人走到老板的办公室,对老板说:"老板,不是我的错,是小刘一个人不小心把东西弄坏了。"

老板把小刘叫到了办公室,小刘把事情的原委告诉了老板。最后他说:"这件事是我们的失职,我愿意承担责任。另外,小王的家境不好,请求老板酌情考虑对他的惩罚。我会尽全力弥补我们所造成的损失。"

接下来的几天,他们一直等待处理的结果。终于有一天,老板把他们叫到了办公室,对他们说:"公司一直对你俩很器重,想从你们两个当中选择一个人担任客户部经理,没想到出了这样一件事,不过也好,这会让我们更清楚哪一个人是合适的人选。我们决定请小刘担任公司的客户部经理。因为,一个勇于承担责任的人才是值得信任的。小王,从明天开始你就不用来上班了。"

"其实,古董的主人已经看见了你们俩在递接古董时的动作,他跟我说了他看见的事实。还有,我更看重的是问题出现后你们两个人的反应。"老板最后说。

小王推卸责任最终落得个失业的下场。你也会像他一样不敢承担责任,害怕灾难降临吗?也许你的不负责任决定了你被淘汰的结果。灾难就是喜欢不敢承担责任的人,老板则是喜欢敢于承担责任的人。

现实生活中,有人为了躲避痛苦,而选择逃避问题、逃避责任。其实,成长就是要经历无数挫折与失败,能够忍受痛苦、承担责任的人,他的生活才能平平安安、顺顺利利。

有时候,你在心里可能会有非常好的想法,在老板出现问题的时候,

## 走出逃避心理

认清形势,理智分析,要知道逃避不是上策。

遇到矛盾冲突时认真思考解决方式,敢于承担责任,获取信任。

逃避并不是解决问题的根本。

你也想去帮助。可是你就是没有勇气主动站出来，主动为老板解决问题，主动为公司的利益和荣誉着想，主动把责任承担过来。

这样一而再、再而三地犹豫，使你不敢主动承担责任。更严重的后果是你和老板的问题都得不到解决，最终你也将受这个问题的负面影响，很难获得好的机会。

"我之所以上船，是因为我想逃离自我。"一位站在轮船甲板上的妇女这样说道。可问题是，我们在逃跑的时候，也会把自我一起带在身边。

她想逃离跟随自己的一些不祥的东西，一些自己害怕面对的东西。她不快乐，并且试图麻醉自己，以减轻痛苦。但是任务没有完成、问题没有解决、挑战没有应对，就好像旧账没有还一样。我们最终还是要回来还债，并且要本息全部偿还，同时还要品尝懦弱种下的苦果。

如果一个人不能在重大的事情上接受挑战，他就不可能有平和，不可能有快乐的感觉，同样，也不可能摆脱这些困扰。

你的内心深处有一种别人听不到的声音，而你自己却无法将这个声音平息下来："你缺少勇气，你没有勇气，你逃跑了，你是逃兵。"

与其受这种声音的困扰，还不如以普通的方式忍受不快。或者接受，或者不接受，我们每个人都必须做出选择。

一个人可以用以下 4 种方法中的一种来对待生命：可以逃跑；可以游移不定；可以接受，而后随波逐流；还可以为信仰和目标而真诚面对。

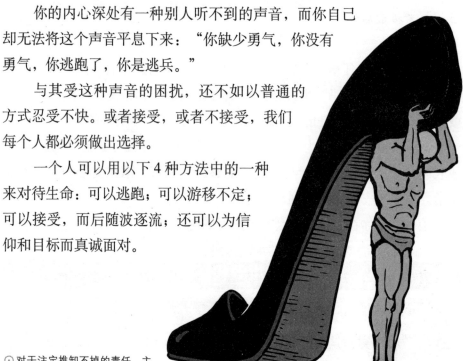

⊙对于注定推卸不掉的责任，主动承担更能赢得尊重。

# 侥幸:
## 投机心理在作祟

一次投机是侥幸，两次可以是巧合，三次就变为一种趋势。侥幸只不过是落到手中的一件暂时的礼物，迟早要把它交还，人生是占有不了的。

## 侥幸心理普遍存在

侥幸心理是指人不遵守事物发展的客观规律，用主观的态度把成功的希望寄托于外力作用和机遇降临的一种心理。这种心理状态，往往是以己度人，以己测事，认为凭借自己的幸运可以获得巧合的成功，抑或是避免突然的灾难；或以为彼时彼地成功了，在此时此地也会照样成功。侥幸心理阻碍个人成长进步：一个人如果心存侥幸，就会放松对自己的要求，就不会有高度的敬业精神，也不会实实在在地积累知识和才能，而只是琢磨如何投机取巧。侥幸心理助长违法违纪行为：有的人初次做错事，多有惧怕心理，但由于侥幸心理的强化作用，惧怕心理受到抑制，这时思想上就有了缝隙，就易受到外界不良东西的侵蚀和诱导，人就容易铤而走险。侥幸心理使人思想麻痹：侥幸常使人放松警惕，过度自信，违反规定和要求，导致工作中的疏忽大意和责任事故，造成严重的后果。

侥幸心理的本质是投资者不甘心亏本的心理在作怪。由于不甘心亏损，不甘心认错，于是就找理由、找借口，自己欺骗自己，自己安慰自己，自己麻醉自己，结果酿成大错。

抛弃不切实际的幻想。我们知道，侥幸心理是基于幻想基础之上的。它单凭主观愿望，而不顾客观实际；企盼偶然机遇，而不创造必要的条件。因而，侥幸是一种投机取巧的行为，迟早是要落空的。抛弃这种不切实际的幻想，关键在于靠真本事吃饭，保持积极进取的精神。要培养高度的事业心、责任感，爱岗敬业，尽职尽责，避免疏忽大意；要保质保量完成本职工作，要坚持高标准。工作上满足于过得去，就有明显的薄弱环节，就容易产生侥幸心理。要培养脚踏实地、求真务实的工作作风。唯有踏踏实实地干工作，才能真正获得事业的成功，实现自己的人生追求。

# 心怀侥幸，悲过赌徒

苏联曾经发生过一次震惊世界的科学事故。1960 年 10 月 22 日，苏联进行航天发射准备，著名航天专家科罗廖夫在发射前发现运载火箭出现异常，建议推迟发射，但亲临发射现场指挥的涅杰林元帅却命令道："莫斯科正在等着我们，无论如何也要保证明天按时发射！"军令如山，不容变更，科学家们只好三缄其口，把希望寄托在"万一没事"上。次日上午，火箭发射时，发生了剧烈的爆炸，现场包括涅杰林元帅在内的百余名军人和科学家不幸罹难。

同样的情况也曾经摆在我国航天科学家面前。

⊙侥幸心理会让人放松警惕，过于自信最后只能自食其果。

2001年9月，在酒泉卫星发射中心，我国"神舟三号"宇宙飞船即将发射，工作人员突然发现一个电路触点不通。当时，发射场万事俱备，500多位科学家翘首以待飞船的升空。当听到有一个触点不通的消息后，有人认为问题不大，没必要耽误发射。但是，指挥部的决策者们考虑的并不是这一个点，他们认为，虽然是一个导点不通，但飞船上这批插头可能还存在批次性质量问题。于是，他们一锤定音：立即更换所有这种型号的插头，绝不能让飞船带着疑点上天，这个决策虽然使飞船发射推迟了3个月，但确保了万无一失。

侥幸就是教训，它们离得极近，如影相随，甚至如胶似漆。有侥幸就会有教训，有的是前人的侥幸变成后人的教训，有的是昨天的侥幸变成今日的教训，更有甚者刚才的侥幸就是眼前的教训。

2005年7月28日，河北省辛集市郭西村烟花爆竹厂，违规生产，在晾晒场外大面积晾晒药球和花弹，还将大量成品爆竹放在杂品仓库里，发生特大爆炸事故，造成32人死亡、91人受伤。事后该厂副厂长耿建伟说："每次我从堆放烟花爆竹的场边走过时，心里也特别害怕，自己也知道这样很危险，但侥幸心理和经济利益驱使我明知故犯。"

据有关部门分析，所有的安全事故中，70%～80%是由于人们的"侥幸心理"造成的。如果我们能够克服这种"侥幸心理"，不仅对经济利益（据统计，每年的安全事故造成经济损失达几千亿元）和人们的生命安全具有十分重要的意义，而且也是人类的福祉！

## 内心强势，让投机无机可乘

所谓侥幸心理实际上是一种投机心理。有了这种心理，人们也就放开了手脚，不再羞羞答答，就可以肆意妄为了。有多少干部因为心存侥幸而走向了违法犯罪的深渊，受到了党纪国法的严惩？

广西壮族自治区钦州原市委书记俞芳林认为，只要不偷不抢、不奸不杀不索要，为人办事收点好处费，只有天知地知他知我知，他不说我不讲，谁又能知道，法律又能奈我何？而且社会风气也是如此，谁能抵挡得住？这种心理最终让他因犯受贿罪、巨额财产来源不明罪，被判处无期徒刑、剥夺政治权利终身。

**心存侥幸，理想信念就会动摇。**

世界观是人生的总开关，世界观动摇了，理想信念不坚定了，腐败的思想基础也就形成了。俞芳林就是因为走上领导岗位以后，放松了世界观改造，才落得如此下场。

**心存侥幸，就不能正确使用权力。**

权力就成了自己的了，就是自己谋私的工具了。俞

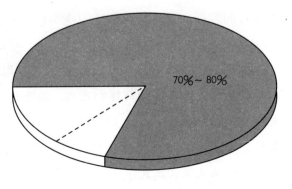

⊙ 调查显示，70%～80%的安全事故都是由侥幸心理造成的。

芳林以权力谋资本，疯狂至极，给世人留下的教训极其深刻。

**心存侥幸，就不会接受监督。**

心存侥幸，组织的监督、同志的提醒就成为多余的了。有的贪官说，要是有人早提醒我，要是我接受了大家的提醒，我也不至于走到今天这个地步。实际上，一旦存有侥幸心理，任何监督他都听不进去了，所以才会坠入不可避免的万丈深渊。

所以，心存侥幸是事业的大敌，是个人健康成长的大敌，万万不可有，万万不可长。"莫伸手，伸手必被捉"，这才是每个人必须牢记在心、铭刻在心的。

## 不能怀有丝毫的侥幸心理

著名的记者、作家梁厚甫20多年来一直住在美国，这期间，他有过一次奇遇。

一次他去见大通银行的总裁，总裁在开会，他就坐等。不久，当地的工务局长来了，先到负责约见的银行女秘书面前说了几句话，显得急不可待。女秘书低声说了几句，那局长就走到梁厚甫的身边，说今天是他们发工资的日子，而政府的拨款没有到，他得赶快和银行总裁商量，因此请梁厚甫通融通融，让他先见总裁。梁厚甫同意了，对方十分感谢，后来两人还成了朋友。

梁厚甫因此感言：人性的光辉在那一刻得到了体现。他还说："在国内，插队已经

⊙对付侥幸的办法就是强大自己的内心，不要让它被各种借口蒙蔽。

是一种习惯，已经见怪不怪，反倒是如果有人来这样征求我的意见，会显得不正常。若女秘书抱有侥幸心理，唯官为上，不经过梁先生同意，私自安排局长和银行总裁先于梁厚甫见面，也属于人的正常举动之列。"但我们可以换个角度想一想，如果女秘书那样做的话，不仅使梁厚甫与局长无结交之机，日后梁厚甫得知局长先行安排，定会对女秘书、局长，甚至那个总裁，都会有负面的评价。

这件事带给了我们许多启示。

我们不能抱有侥幸心理，这样的人生既没有发展也没有希望。即使是运气好，大发横财，人生也不会有光彩。抱着侥幸心理这种行为本身就是不光彩、不光明磊落的，因此得到的东西不论是什么，都不能展现在世上，只能摆放在阴暗的地方。

J.P.摩根说："不能参与赌博，如果你丢了本钱，你就会想找回它；如果你赢了点钱，你还会想再赚点。最终，你将会成为一个身无分文的人。"

以侥幸心理来赌人生是贸然的行为，它比把人生寄托在一个冒险的行为上更虚幻。依靠侥幸心理是无法实现美好人生的，依靠侥幸心理来获得财富也是不可能的事情。即使遇上了好运气，侥幸变成了现实，这样的人也只会沉浸在虚幻的生活里。

不要想不受苦就实现美好人生。正因为不想受苦又想过上好日子，你才会期盼哪一天会大发横财，沉浸在虚幻的梦想里虚度人生。即使是再小的事情，也要通过正当的努力获得成功。如果具有这种意识，即使你得不到意外的财富，你也会实现精神上的富裕和自由，而这种富裕和自由足以让你实现一个有价值的人生。

扫码获取更多资源